陕西省农技服务"大荔模式"实用技术丛书

葡萄
优质安全栽培技术
（彩图版）

晁无疾　张立功　赵雅梅　主编

中国农业出版社

农技服务大荔模式
Agricultural Service Dali Mode

"大荔模式" 是由大荔县和陕西荔民农资连锁有限公司探索，省市科技部门培育、提升，以企业为平台，整合现有科技服务方式（星火科技12396信息服务、科技特派员、科技专家大院、科技培训）、整合县域科技资源的公益性服务和以市场机制为导向的经营性服务，采取县为单元、连锁经营、技企结合、密集覆盖、三级网络服务的农资农技双连锁、农资农副双流通、政府企业双推动的新型科技服务体系。

"陕西省农技服务大荔模式示范与推广"省级地方重大专项2011年11月立项，实施期限三年，项目按照"政府推动、企业主体、科技支撑、市场运作、多方共赢"的发展思路，依托杨凌示范区科教优势，整合统筹农业科技资源，以渭南市为主体，创新、完善、示范、推广大荔模式，突出建好核心区，重点抓好示范区，全面推进推广区，到2013年末初步建立起运转顺畅、协调有力的大荔模式示范与推广服务体系。项目的运行设置分为大荔模式核心区建设、渭南市大荔模式示范能力建设、渭南市大荔模式推广与应用、渭南市公共服务平台建设等4个课题。项目完成后，计划建设乡镇配送中心示范点54个、村级连锁店示范点216个、现代农业科技创业示范基地5个以上、农业科技专家大院6个以上、协调中心1个、农村综合科技服务平台1个，构建718人的专家及技术员队伍，累计培训人员90万人次。通过实施该项目，可使广大农民通过使用放心农资在农业生产中降低生产成本15%～20%，通过技术服务增产10%以上，核心区农民收入年均增长500元以上，示范区增长300元以上，推广区增长200元以上。

项目承担单位为渭南市科学技术局，负责人张向民，首席专家鲁向平。主要参加单位有陕西荔民农资连锁有限公司、渭南市生产力促进中心、渭南市科学技术开发中心、渭南市科学技术情报研究所、各市区县科技局及大荔模式载体企业等。

前言

　　"大荔模式"是由陕西省大荔县政府和陕西荔民农资连锁有限公司探索，由陕西省科技厅给予培育、提升的农业科技服务新模式。"大荔模式"按照政府引导＋企业运作＋技企结合＋技物配套的运行机制，创立县、乡、村一体的科技服务平台，构建起了两条网络：一是农资连锁经营网络，即县设总部、镇设配送中心、村设连锁店，形成了县、镇、村三级连锁农资经营网络；二是农业科技服务网络，即县建专家团、镇设特派员、村聘技术员，形成县、镇、村三级连锁农技服务网络。这张大网紧紧地把专家技术团队和各种服务方式聚集起来，在销售农资农副产品的同时，全方位、全天候为农民提供电话咨询、网络视频诊断、科技110出诊、科技报刊入户、专家进村授课、LED农情预报、手机短信群发、测土配方施肥、建样板示范田、提供果品销售信息服务等十余种不同形式的免费技术服务。解决了"农技单位有人才，缺经费，技术进村入户难；民营企业有资金，想服务，培训农技人员难；农技人员有技术，缺平台，深入生产实际难；农民群众想致富，缺技术，产业效益提升难"四大难题。

　　新形势下的"大荔模式"项目为了进一步

培育新型农民，建设新农村，要求针对当地主要作物编写一套农业实用技术培训教材，命名为《陕西省农技服务"大荔模式"实用技术丛书》，旨在作为培训教材，实现作物生产标准化，确保农副产品安全化，形成农作物生产绿色化，最终达到"生产标准无害化，产品健康有营养，生产可追溯"的目的。陕西荔民农资连锁有限公司、荔民"田生金"技术研发中心积极邀请国家、省、市、县行业专家和荔民公司技术推广部的技术人员和基层乡土专家，针对陕西常见的16种经济作物组织编写了这套丛书。该丛书的出版，将进一步增强科技为农服务的水平，提升"大荔模式"的集聚创新和核心示范水平，完善陕西省农技服务体系，推进"大荔模式"在陕西乃至全国的推广应用。

　　书中引用了一些专家、同行的科研成果、科技论著，在此表示感谢！鉴于编者水平所限，书中错误在所难免，不当之处，敬请广大读者批评指正。

编　者

目录

CONTENTS

1

第一章　葡萄优良品种与品种区域化

葡萄为落叶藤本植物，原产于西亚一带。据考古资料，最早栽培葡萄的地区是小亚细亚里海和黑海之间及其南岸地区。大约在7 000年前，南高加索、中亚细亚、叙利亚、伊拉克等地区开始了葡萄的栽培。欧洲最早开始种植葡萄并进行葡萄酒酿造的国家是希腊。中国栽培欧亚种（*Vitis vinifera*）葡萄品种已有2 000多年历史，相传为汉代（公元前138—前115年）陕西城固人张骞通西域引入长安（今西安市）种植。目前葡萄在我国各省、自治区、直辖市均有生产。

红地球葡萄

一、葡萄品种分类

葡萄在植物学分类中属于葡萄科（Vitaceae）、葡萄属（Vitis）。葡萄属内约有70多个种，但在生产上应用最多的是3个种以及它们的种间杂交种，即欧亚种葡萄、美洲种葡萄、山葡萄和欧美杂交种及欧山杂交种。

（一）欧亚种葡萄

欧亚种葡萄在世界上栽培最为广泛，世界葡萄优良品种中绝大部分都属于欧亚种葡萄，根据这些品种的起源地，又可分为三个重要的品种群：

1. 西欧品种群　起源于西欧地区，主要为酿造品种和鲜食品种，受人工选择和生态条件的影响，这一品种群的葡萄品质优良，抗寒、抗旱性较强，如赤霞珠、霞多丽、玫瑰香、意大利亚等品种。

2. 黑海品种群　起源于黑海沿岸，抗寒性稍弱，主要为鲜食品种和酿造品种，如花叶鸡心和晚红蜜等。

3. 东方品种群　主要起源于中亚，几乎全为鲜食品种，其抗旱性、抗寒性及抗土壤盐碱的能力均较强，如牛奶、龙眼、里扎马特等品种。

（二）美洲葡萄

起源于北美东部地区，有许多种类和品种，现多在美国、加拿大栽培，抗病、抗湿，果实具肉囊，有明显的草莓香味，多为制汁和砧木品种，如康克、玫瑰露、贝达、5BB、SO4等。

（三）山葡萄

原产东亚和东北亚地区，抗寒性极强，除个别品种外，多为野生类型。陕西地区也有分布，主要用于酿造和作抗寒砧木，如双庆、左山1号等。

（四）欧美杂交种葡萄

由欧亚种葡萄品种和美洲种葡萄品种杂交选育而成，抗寒、抗病，生长旺盛，栽培较为容易。如鲜食品种巨峰、8611、夏黑、黑奥林、信浓乐等。

（五）欧山杂交种葡萄

由欧亚种葡萄和山葡萄杂交而成，抗寒、抗病，主要为酿造品种，也可作抗寒砧木，如北醇、公酿1号、北冰红等。

二、葡萄品种区域化

发展葡萄必须因地制宜，实行品种区域化。各地在发展葡萄生产时必须明确当地的气候、土壤状况和市场需求，严格选择品种，将不同的葡萄品种按其本身的要求，分别栽植在它最适宜的气候和土壤区域之内。

葡萄品种很多，不同品种对环境的适应和管理技术均有不同的要求。葡萄品种主要分为两类，即欧亚种葡萄品种和欧美杂交种葡萄品种，一般来讲，欧亚种品种如玫瑰香、红地球、赤霞珠、霞多丽等其果实品质优良，但抗病、抗湿能力较差；而欧美杂交种品种如巨峰、京亚等抗病、抗湿能力较强，因此在较为干旱的西北包括陕北及渭北地区，应重点发展欧亚种优良品种，而在降水量较多、气温较高的黄河中下游、陕西关中（渭河以南），及华中、华南和陕南等地区则应重点发展品质优良的欧美杂交种品种。西北和渤海湾沿岸及陕西关中东部和陕北榆林部分地区，地下水位较高、土壤有程度不同的盐碱化，在这一地区则应发展抗盐碱性较强的玫瑰香等品种或采用抗盐碱的葡萄砧木。而华中、华东及陕南地区气候潮湿，则应选择抗湿抗涝的品种和砧木（表1）。

表1　葡萄品种区域化方案

地区	鲜食品种	酿造品种	制汁品种	设施栽培
西北、华北及陕北地区	红地球、意大利亚、秋黑、圣诞玫瑰、里扎马特	雷司令、黑彼诺、霞多丽、梅鹿汁		延迟栽培：红地球、秋黑、意大利亚、克瑞森无核
渭北干旱地区	红地球、意大利亚、里扎马特、克瑞森无核、火焰无核	赤霞珠、梅鹿汁、霞多丽、贵人香		促成栽培：夏黑、维多利亚、87-1、施福罗沙、火焰无核
黄河中下游及关中地区	夏黑、巨峰、巨玫瑰、维多利亚、施福罗沙、户太8号、玫瑰香	赤霞珠、梅鹿汁、贵人香	玫瑰香、康可、户太8号	促成栽培：夏黑、维多利亚、巨玫瑰、火焰无核、世纪无核
华中、华南及陕南地区	夏黑、巨峰、巨玫瑰、醉金香	白玉霓、尚普森、康可	康可、户太8号	

　　葡萄品种区域化方案并非一成不变，随着科学技术的发展、新品种的培育和市场需求的变化，一个地区可以根据当地具体情况，选择经过试验证明适合当地发展的葡萄新品种进行栽培，不断丰富葡萄品种区域化的内容。

三、葡萄优良品种

（一）葡萄鲜食品种

　　1. 早熟品种　早熟品种从萌芽到成熟采收为110～120天，在华北和陕西关中地区，早熟葡萄品种露地栽培成熟期在7月中下旬，而在设施中5月中旬到6月上中旬即可上市。

（1）乍娜　欧亚种。生长势强，丰产，果穗长圆锥形，果粒近圆形，粉红色至紫红色，果肉厚、较脆，品质上等。露地栽培7月中下旬成熟，在设施中6月中旬即可采收。该品种丰产性好，但易染黑痘病，果实成熟期雨水较多时易裂果。在设施栽培中表现早熟、穗大、粒大、早丰产。

（2）京秀　欧亚种。生长旺盛，两性花。果穗圆锥形，果穗大，果粒大，玫瑰红或紫红色，肉厚脆，味甜，品质上等，较丰产。抗病力中等，易感染白腐病和炭疽病。露地栽培7月中下旬果实即可食用，8月初充分成熟。京秀在设施栽培中表现良好。

（3）京亚　欧美杂交种。生长健壮，丰产，果穗圆柱形，果粒短椭圆形，果皮紫黑色，果粉厚，果肉软，稍有草莓香味，但含酸量稍高。7月下旬果实成熟，抗病性强。栽培中可适当晚采，以增进品质。

（4）红巴拉蒂　又名红巴拉多，是近年日本选育的一个优良的红色早熟品种。果实鲜红色，皮薄，肉脆，味甜，果穗圆锥形，穗重500～600克，大穗可达1500克，平均粒重8～12克，果实可溶性固形物含量18%～21%，抗病性好，果实7月上旬成熟，从萌芽到成熟100天左右，挂果期长，容易栽培。

（5）黑巴拉蒂　又名黑巴拉多，是近年日本选育的一个优良的早熟品

红巴拉蒂

黑巴拉蒂

种。果穗圆锥形，穗重500克左右，平均粒重8～10克，果实紫黑色，果粉比红巴拉蒂多，可溶性固形物含量19%～21%，无涩味，果皮薄，容易上色，果肉脆，味浓香甜。该品种容易进行无核化处理，抗灰霉病，挂果期长，容易种，省工省力好管理，是一个值得注意的优良早熟品种。

2. 中熟品种　中熟品种从萌芽到成熟需130～145天。在华北和陕西关中地区8月中下旬成熟。

（1）玫瑰香　欧亚种。是世界上广泛种植的鲜食品种，也是优良的鲜食酿酒兼用品种，是深受群众喜爱的主要葡萄品种。果穗中大，圆锥形，疏松或中等紧密，果粒中等大小，椭圆形，红紫色或黑紫色，有浓郁的玫瑰香味。副梢结实力强，较易形成二次结果，产量高，抗盐碱性较强，但若管理不当、单株负载量过大时易患生理病害"水罐子病"，栽培上必须加强管理。

玫瑰香

（2）巨峰　欧美杂交种。树势旺盛，结实力强，抗病性强。果穗圆锥形，果粒着生较紧密，近圆形，果皮厚，黑紫色，肉质稍脆，果汁多，酸甜。栽培上要注意控制树势，防止生长过旺造成落花落果和大小粒。

（3）户太8号　欧美杂交种。是陕西西安葡萄研究所选育的巨峰系品种。树势健旺，丰产，抗病性强。果穗圆锥形，果粒着生较紧密，近圆形，果皮较厚，黑紫色，肉质脆，果汁多，酸甜。适合进行无核化处理。除鲜食外，还可用于制作葡萄汁。

（4）里扎马特　又名玫瑰牛奶，欧亚种。生长旺盛，丰产、果穗大，圆锥形，成熟时果皮呈现蔷薇色到鲜红色，外观艳丽，果皮薄，肉质脆，味甜，品质上。抗病性较弱，采前遇雨容易裂果，采后不耐贮运，适于城市近郊和干旱、半干旱地区栽培，宜棚架整形，中长梢修剪。

户太8号

里扎马特

（5）藤稔　俗称乒乓葡萄，欧美杂交种。树势强，枝梢粗，结实性好，平均单粒重15克，是巨峰系品种中果粒最大的品种。果皮暗紫红色，肉质较致密，果汁多，但品质一般。成熟后易发生落粒，耐贮运能力较差。

（6）巨玫瑰　是我国培育的具有玫瑰香味的欧美杂交种新品种。中晚熟，华北地区9月中旬成熟，抗病，树势健壮，坐果良好，果穗紧凑，果皮紫红色，椭圆形，果实有玫瑰香味，深受市场欢迎。但成熟后易落粒，栽培上要注意。

（7）维多利亚　欧亚种。早中熟品种。树势中庸，易形成花芽，丰产性好，在关中地区8月上旬成熟，果穗大小适中，果粒紧凑，果呈椭圆形，风味甜爽，果粒色泽碧绿，十分美观。适合在设施中栽培，生产中要注意控制土壤水分，防止成熟前果实裂果。

（8）粉红亚都蜜　又名施福罗沙。欧亚种。早中熟品种。华北地区8月上中旬成熟，树势中庸，花序果穗大小适中，一般不需进行花序修剪和果穗整形，果穗整齐，果皮红色、美观，成熟较早，产量稳定，抗病性较强，适合于露地和设施促成栽培。

阳光玫瑰

（9）阳光玫瑰　又名闪光玫瑰、夏依马斯卡特。欧美杂交种。树势强旺，结实性好，果皮黄绿色，肉质较致密，香味浓，8月中下旬成熟，是目前巨峰系品种中品质最好的品种。成熟后不易发生落粒，可延迟采收，耐贮运能力强。

3. 晚熟品种 晚熟品种从萌芽到成熟一般需145天以上，在陕西成熟期在9月下旬至10月上中旬。

（1）意大利亚 欧亚种。是世界上著名的优良晚熟鲜食品种。生长健壮，两性花。果穗大，果粒大，卵圆形或长卵圆形，果皮金黄色，十分美丽。果肉甜脆，充分成熟时，有玫瑰香味。栽培上要重视及时套袋，防止果皮伤害形成褐斑。

（2）红地球 又名美国红提。欧亚种。果穗圆锥形，果粒着生松紧适度。果皮中厚，粉红或紫红色，果肉硬脆，能削成薄片，味甜。耐贮藏运输，可贮藏至来年4月。但幼树新梢易贪青，枝条成熟稍差，抗病性和抗寒性较弱。

（3）圣诞玫瑰 又名秋红。欧亚种。成熟期比红地球约晚一周，果穗圆锥形，果粒着生较紧密。果粒圆形，果皮红色，果粉较厚，果皮与果肉难剥离，肉质脆硬，

红地球

口感佳，具有玫瑰香味，品质上，成熟后无落粒现象，耐贮藏运输。

（4）秋黑 欧亚种。生长势强，果穗长圆锥形，果粒鸡心形，果皮厚，黑色，果粉浓，果肉硬脆，能削成薄片，采收时果实偏酸，但经贮藏后含酸量自然降低，酸甜适口，品质优良。果粒着生极牢固，特耐贮运。抗病性强。

秋 黑

(5) 信浓乐 欧美杂交种。晚熟品种。树势健旺，叶片厚，深绿色，叶背有白色茸毛，果穗长圆锥形，果粒长圆形，果皮较厚，充分成熟后果皮红色，汁多，味香甜，品质优良。不裂果，不脱粒，耐运输，抗病性强，适应性广。生产上要注意合理控制产量，防止因产量过高影响品质和着色不良。

(6) 龙眼 欧亚种。是原产我国的晚熟鲜食、酿酒兼用品种。抗寒，抗旱，抗贫瘠土壤，是山区、丘陵地区和四旁栽植的首选品种。在华北地区9月下旬至10月初完全成熟，丰产性强，果穗紧凑。果粒圆形，紫红色，果粉厚，风味酸甜可口，特耐贮藏。栽培上宜用棚架整形，并注意防治霜霉病。

4. 无核品种 无核品种是指栽培中不经任何激素处理即可自然形成无籽果实的葡萄品种，是当前世界鲜食葡萄品种发展的新方向。当前适宜发展的无核品种有：

(1) 夏黑 欧美杂交种。早熟品种。树势健壮，结果早，丰产，抗病，适应性强。果穗圆锥形，果粒圆形，果皮黑色，用激素处理后，果粒明显增大，果肉变硬，含糖量高，是一个值得重视的无核新品种，适宜露地和设施中栽培，但要注意采收后不宜久放，以免果粒脱落。

（2）火焰无核 欧亚种。早熟品种。生长势中庸，丰产，果穗圆锥形，果粒圆形，生长均匀，果皮亮红色，果肉脆甜，品质优良，露地栽培7月下旬成熟，宜采用短梢修剪，适合在设施中进行促成栽培。

（3）金星无核 欧美杂交种。中早熟品种。树势健壮，结果早，丰产稳产，抗病，适应性特强，果粒圆形，果皮黑色，用激素处理后，果粒明显增大，但常有残核，在气候较凉的地区栽培品质更为优良。

（4）无核白鸡心 也称世纪无核。欧亚种。中熟品种。树势健旺，适应性强，丰产，果穗圆锥形，果粒长卵形、略呈鸡心形，经激素处理后果粒可达8克左右，果粒绿色，皮薄而韧，不裂果。果肉硬而脆，略有玫瑰香味，甜，无种子，品质优良。

（5）无核早红 又名8611。欧美杂交种。早熟品种。是我国选育的一个三倍体无核品种，植株生长旺盛，抗病性强，易丰产，果穗中大，圆锥形，果粒椭圆形，淡紫红色，果肉硬脆，7月中旬成熟，栽培时要用激素处理以增大果粒。植株挂果过多时易发生着色不良和风味偏淡的现象。

无核早红

克瑞森无核

（6）克瑞森无核 欧亚种。晚熟品种。生长势极旺，果穗单歧肩圆锥形，果穗大，果粒椭圆形，果皮呈现美丽的亮红色，果肉硬脆，透明状，味香甜。用环剥和赤霉素处理，能使果粒显著增大。适宜于干旱和半干旱地区栽培。9月底至10月初成熟，耐贮藏。宜棚架栽培长梢修剪，是西北、华北干旱地区有发展前途的晚熟红色无核品种。

（二）葡萄酿造品种

酿造品种主要用于酿制葡萄酒，大部分酿造品种为欧亚种品种，酿造葡萄主要分为红、白葡萄酒酿造品种两大类。

1. 适于酿造红葡萄酒的品种

（1）赤霞珠 晚熟，果穗小或中大，圆柱或圆锥形、较紧密、带副穗。果粒小，圆形，紫黑色，果皮厚，果肉多汁，具淡青草味，含糖量高，结实力强。赤霞珠适应性强，抗寒抗病性较强，适宜在积温较高和以花岗岩为母质的肥沃土和沙壤土上栽培。

（2）梅鹿辄 亦称美乐。中晚熟品种。抗病性强，果穗中等大小，圆锥形，中等紧密或疏松，带歧肩或副穗。果粒中等大，近圆形或短卵圆形，紫黑色，含糖量高，梅鹿辄根系生长较弱，适宜在肥沃的沙壤土中栽培。

（3）黑彼诺 中熟品种。果穗较小，果穗圆柱圆锥形，果粒小，圆形，紫黑色，含糖量高，多汁，抗寒，抗旱，适宜在西北积温稍低的地区推广栽培。

2. 适于酿造白葡萄酒的品种

（1）意斯林 别名贵人香。中熟品种。果穗稍小，圆柱形，果梗细长，果粒着生中等紧密，果粒小，圆形，黄绿色，果皮薄，有褐色斑点，果脐明显，含糖量高，结实力强，易早期丰产，风土适应性强，喜肥水，抗病性较强，但不耐旱，适宜在西北和华北地区栽培。

（2）霞多丽 别名莎当妮。中熟品种果穗小，圆柱形，带副穗，极紧密，果粒小，近圆形，绿黄色，果皮薄，果脐明显，果肉多汁，味清香，含糖量高，生长势强，易早期丰产，但抗病性较弱，生产上应予注意。

（3）白玉霓 是制造白兰地葡萄酒的主要品种。果穗大，圆锥形，果粒着生中等紧密或疏松，穗梗较长，果粒中等大，近圆形，淡黄色，整齐，果皮薄，含糖量高。生长势强，抗病性强，结实力强，易早期丰产。适宜在较为潮湿的地区栽培。

（4）白诗南 果穗中到大，长圆锥形或圆柱形，果粒着生紧密，果粒小，圆形或卵圆形，黄绿色，果皮较厚，果肉多汁，具有浓厚的果香。生长势极强，进入正常结果期稍晚。适宜在肥沃的沙壤土上栽培。

（5）赛美蓉 中熟品种。果穗中等大小，圆锥形，果粒着生较松散，果粒中等大，近圆形，浅黄色，果皮薄，果肉厚，多汁，有浓郁果香，风土适应性强，较抗寒，抗病性中等，易感白腐病、灰霉病。适宜在排水良好的沙壤或丘陵山地栽培。

（三）葡萄制汁品种

制汁品种主要用于制作葡萄汁。制汁品种多为欧美杂交品种和美洲种品种，抗湿、抗病力较强。

（1）康克 来源于美国。果穗小，圆柱或圆锥形，有副穗。

果粒中等大，近圆形，果皮蓝黑色，果肉多汁，有肉囊，浆果成熟时散发出强烈浓郁的草莓香味，出汁率高，生长势强，萌芽率高，产量中等，8月中旬成熟。抗病、抗寒，可耐－16℃的低温，适宜在含砾石、排水良好的肥沃土壤上栽培。

（2）康拜尔 别名康拜尔早生。原产美国。圆锥形，果粒着生紧密，不易落粒。果粒中等大，近圆形，紫黑色，着色均匀，果皮厚，果粉厚，果肉柔软，有肉囊，具浓郁草莓香味。8月上旬成熟，属中熟品种。适应性强，耐瘠薄、抗寒、抗病。

除以上品种外，欧亚种品种玫瑰香等品种也可作为制汁原料，但用欧亚种品种制汁时，工艺过程应适当调整。

（四）砧木品种

我国葡萄栽培多用扦插繁殖的自根苗，但自根苗抗逆性较差，尤其在西北和华北及华中、华东等温度较低的地区或干旱、潮湿地区。为了提高葡萄的抗逆性，应采用相应抗性强的砧木进行嫁接。目前常用的抗逆砧木有：

（1）贝达 美洲种品种。两性花，抗寒性强，用作砧木能显著提高品种的抗寒能力，减低埋土厚度，是当前应用最多的抗寒砧木。除了抗寒外，抗湿能力也较强。用作砧木时枝蔓嫁接处上粗下细的"小脚"现象十分明显，但这对葡萄生长和产量品质影响不大。在碱性土壤上用贝达作砧木常出现叶片黄化，应该引起注意。

（2）SO4 是由美洲冬葡萄和河岸葡萄杂交选育的抗根瘤、抗根癌病砧木。雄性花，抗湿性强，耐酸性土壤，容易扦插繁殖，用作砧木后，树势变旺，适宜为生长势较弱的品种作砧木。

（3）5BB 是由美洲冬葡萄和河岸葡萄杂交选育的抗根瘤砧木。雌雄花，抗湿性强，耐碱性土壤，容易扦插繁殖，用作砧木后，树势不变旺，枝叶不黄化，是值得重视的一个抗性砧木品种。

（4）北醇 是用玫瑰香和山葡萄杂交选育出的一个抗寒酿酒品种。根系发达，抗寒性强，而且和欧亚种品种嫁接亲和性好，除可酿酒外，用作砧木能明显提高品种的抗寒能力。

第二章 葡萄生长的适宜环境条件

葡萄的生长、发育以及产量的高低，果实品质的优劣，在很大程度上受环境和生态条件的制约和影响，在发展葡萄生产时，必须了解葡萄对环境条件的要求。

一、温度

葡萄起源于温带，是喜温作物。葡萄不同生长期对温度的要求不相同。葡萄萌芽期要求日平均温度10～12℃；开花、新梢生长和花芽分化期的最适温度为25～28℃，低于10℃时新梢不能正常生长，低于14℃葡萄就不能正常开花；葡萄果实成熟的最适温度为28～32℃，低于16℃时成熟缓慢，温度高则果实纯甜而酸少，气温高于40℃时枝叶和果实会出现日灼、枯缩、干皱。

葡萄耐寒性随种类和品种的不同而有所不同，欧洲种葡萄枝蔓在休眠期可耐-15℃左右的低温，而在-16～-17℃时则发生冻害。葡萄根系抗寒性差，在-3～-5℃时即可受冻。葡萄萌芽后抗寒性急剧降低，花蕾期-0.6℃即可导致花器严重受冻。欧美杂交种品种抗寒性略强，其枝蔓可耐-18℃、根系可耐-5℃的低温。而原产于我国的山葡萄抗寒性很强，在休眠期其枝蔓可以抵抗-30℃的低温，根系可抗-15℃的低温。美洲种葡萄品种枝蔓可抗-20℃、根系可抗-12℃的低温。所以寒冷地区常用山葡萄或美洲种葡萄品种作砧木。

由于生产上栽培的主要是欧亚种品种，一般认为冬季-17℃的绝对最低温等温线就是我国葡萄冬季埋土防寒与不埋土防寒的分界线。我国东北、西北和华北北部地区冬季必须进行埋土防寒。

埋土覆盖不仅有防寒的作用，而且有保墒和防止早春枝蔓抽条的作用。

葡萄品种不同，成熟期不同，因此在整个生长期要求积温总量就有所不同，葡萄生长期所需热量常以活动积温来表示。活动积温是指日平均温度等于或大于10℃的日期中日积温累计的总和。不同成熟期的品种，从萌芽到果实成熟所需积温量不同，了解一个地区的积温多少就可以有目的地进行品种的选择（表2）。

表2 不同成熟期的葡萄品种对有效积温的需求

品种类别	活动积温（℃）	从萌芽到成熟天数	代 表 品 种
极早熟	2 000～2 400	100～115	红旗特早玫瑰
早　熟	2 400～2 800	115～125	乍娜、京亚、夏黑
中　熟	2 800～3 200	125～145	巨峰、里扎马特、玫瑰香
晚　熟	3 200～3 600	145～165	红地球、信浓乐
极晚熟	3 600以上	165天以上	秋红、秋黑、龙眼

二、降水量

葡萄耐旱性强，一般年降水量350～1 200毫米的地区都能栽培。生产上对葡萄生长和果实品质影响最大的是雨量的季节分布，尤其是葡萄成熟期（7～9月）雨水过多或阴雨连绵都会引起葡萄糖分降低、病害滋生、果实烂裂，对葡萄品质影响最为严重。

葡萄耐旱，但生长中也不能过分干旱，在过于干旱的情况下，葡萄叶片光合作用效能减弱，呼吸作用加强，常招致果实发育不良、含糖量降低和产量降低。一般认为年降水量在500～800毫米和成熟前一个月降雨较少（小于50毫米）的地区最适宜发展优质葡萄生产。

三、光照

葡萄是典型的喜光作物，在光照充足的条件下，叶片厚而色浓，植株生长健壮，花芽分化良好，产量高，品质好。不同品种要求光照强度不一样，一般欧亚种品种比美洲种品种和欧美杂交种品种要求光照条件高，要求年日照时数应在2 300小时以上，欧美杂交种品种要求光照时数也应在1 600小时以上，这样才能保证优良果实品质的充分形成，因此葡萄园应建在风光通透、光照充足的地方。

四、土壤

葡萄对土壤要求不太严格，除了重盐碱土、沼泽地、地下水位不足1米的地方外，在各类土壤上均能栽培，但最适宜的是土质疏松、通气良好的砾质壤土和沙质壤土。葡萄对土壤酸碱度的适应范围较大，一般在pH6.5 ~ 7.5时葡萄生长最为良好。土壤pH大于8.3和低于6.0的地区必须进行土壤改良，才能种植好葡萄。

第三章　葡萄苗木繁育

一、苗木繁育方法

葡萄苗木繁育的方法主要有扦插、压条和嫁接。

（一）扦插繁殖法

即利用葡萄枝蔓进行扦插繁育苗木。

1. 枝条的采集和贮藏　插条的采集结合冬季修剪同时进行，在已经结果并表现优良的成年树上选取发育充实、成熟好、芽眼饱满、无病虫为害的一年生枝蔓作为插条，并将插条剪成6～8节长的枝段（50厘米左右），每50～100条捆成一捆，并标明品种名称和采集地点，放于贮藏沟中沙藏。

贮藏沟应设在地势高燥的背阴处，沟深80～100厘米，沟底铺一层厚10厘米的湿沙，插条平放或立放均可，放一层枝条撒一层湿沙，以减轻枝条呼吸发热。如果没有沙子也可用细土，土的湿度为10%左右，捆与捆之间用细沙或土填充，摆放枝条的层数以2～3层为宜。插条贮藏沟内每隔1～2米左右竖一直立的草秸捆，以利上下通气。枝条放好后，最上面覆一层草秸和薄膜，最后上面再覆20～30厘米厚的细土。插条贮藏期间应注意经常检查，使沙藏沟内温度保持在1℃左右，温度过高枝条易生霉，若发现枝条生霉，要及时翻晾通风，重新贮藏。

2. 扦插繁殖方法

（1）露地扦插繁殖方法（不催根扦插）　春季将贮藏的枝条从沟中取出后，先在室内用清水浸泡6～8小时，然后进行剪截。把枝条剪成有2～3个芽的插条，插条一般长15厘米左右，节间长的品种每个插条只留2个芽，剪插条时上端在芽上部1.5～2.0厘米处平剪，下端在靠近芽的下面斜剪，剪口呈马耳状，插条上部的芽眼一定要充实饱满。

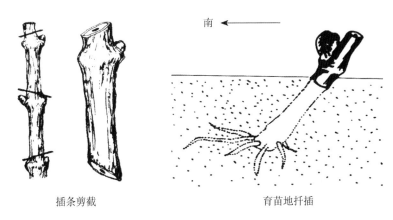

南 ←

插条剪截　　　　　　　　　　育苗地扦插

扦插育苗

育苗地应选在地势平坦、土层深厚、土质疏松肥沃、有灌溉条件的地方。秋季土壤深翻30～40厘米，结合深翻每667米² 施充分腐熟的有机肥料3 000千克，早春土壤解冻后及时整地做畦。

扦插分平畦扦插、高畦扦插与垄插。平畦主要用于较干旱的地区，以利灌溉。高畦与垄插主要用于土壤较为潮湿的地区，以便能及时排水和防止畦面过分潮湿。无论平畦扦插或高畦扦插，在扦插前都要做好育苗畦，苗畦大小根据地块形状决定。一般畦宽1米，长10～15米，扦插行距30～40厘米，每畦内插3～4行，行内株距12～15厘米。扦插时，枝条斜插于土中，地面露一芽眼，并使芽眼处于枝条背面的上方，这样抽生的新梢端直。垄插时，垄宽约30厘米，高15厘米，垄距50～60厘米，插条全部斜插于垄上，株距12～15厘米，插后在垄沟内灌水，若有条件时采用覆盖黑色地膜后扦插效果更好。扦插时必须注意插条上端不能露出地表太长，同时要防止倒插和避免品种混杂。

扦插时间以当地的土温（15～20厘米处）稳定在10℃以上时开始。华北地区一般在4月上旬左右。

葡萄扦插后到产生新根前这一阶段要防止土壤干旱，一般10天左右浇一次水，若覆膜扦插则可适当减少灌水次数。当插条生根萌芽后要加强肥水管理，7月上中旬，苗木进入迅速生长阶段。这时应注意施速效肥料2～3次。为了使枝条充分成熟，8月以后应停止或减少灌水，同时加强病虫害防治，喷施磷钾肥，进行主梢、副梢摘心，以保证苗木生长健壮、促进加粗生长。

（2）催根扦插　催根就是根据葡萄生根对温度的要求，人为地加温促进不定根形成。生产上常用的催根方法有温床催根、火炕催根、电热催根和化学药剂处理催根。

①温床催根　制作温床并在温床内用酿热物造成升温条件，促进生根。催根前，先在地面挖床坑，坑深约50厘米，宽1.2～1.5米，长4～5米，坑底中间略高，四周稍低，然后装入20～30厘米厚的生马粪，边装边踏实，踩平后浇水使马粪湿润，然后盖上塑料薄膜，促使马粪发酵生热。数天后当温度上升到30～40℃时，再在马粪上面铺5厘米左右厚的细土，待温度下降并稳定在25℃左右时，将准备好的插条整齐直立地排列在上面，枝条间填入湿沙或湿锯末，以防热气上升散失和水分蒸发。插条下部土温保持在22～25℃，进行加热催根。注意插条顶端的芽切勿埋入沙中，以免受高温影响。催根期间要保持插条上部处于较低的温度下，防止芽眼过早萌发。

②电热催根　利用电热线加热催根。一般用DV系列电加温线按线距5～6厘米的距离，在催根苗床上来回布绕，用电加温以提高催根苗床的地温，DV系列电加热线按功率大小分为多种，可根据处理插条的多少灵活选用。

电热温床每天早晚通电，床内温度达25～30℃时即可断电。有条件的地方还可安装控温仪，将温度控制在25℃，使用控温仪不但可以节约用电，而且省去观察温度和开关电源的手续。

③化学药剂处理　采用药剂处理能有效促进生根。促进生根

的药剂种类很多，其中以50毫克/升吲哚丁酸（IBA）或50～100毫克/升萘乙酸（NAA）或ABT生根粉浸泡插条基部12～14小时效果最好。为了少占用容器，用300～500毫克/升萘乙酸快速浸蘸枝条基部5～10秒，然后立即催根或扦插也有良好的效果。

无论哪种催根方法，为了保证良好的催根效果，必须注意以下几点：第一，不同催根方法催发生根时间互不相同，但一般最适进行扦插的催根程度是新根突破皮层长达0.2～0.5厘米或出现愈伤组织时即应进行扦插，催根过长，扦插时容易碰断新根，影响扦插成活率。第二，催根时间要灵活掌握，如果催根后直接在露地扦插，催根宜略迟，以便处理后即可露地扦插，如果在保护地育苗，可适当提早进行催根。第三，加热催根时，当新根出现后、扦插前要有个逐渐降温的过程，使新根适应外界环境条件后再进行扦插育苗。第四，经过催根处理的插条，在扦插时切忌损伤根原体，扦插到苗床以后，要灌足水，使新根与床土密切结合。

（二）葡萄营养袋育苗

营养袋育苗是一种新的快速高效育苗方法。育苗前先用宽19厘米、长16厘米塑料薄膜对粘制成高16厘米、直径约6厘米的塑料袋（也可在市场上购置成品），袋底剪一个直径1厘米的小孔或剪去两个底角以利排水。同时用土和过筛后的细沙及腐熟的厩肥按沙∶土∶肥=1∶2∶1的比例配制成营养土。沙的比例不能太少，以防袋内土壤黏重，但沙也不能太多，否则袋内营养土过分松散，定植时容易散坨。

塑料袋育苗可在温室或阳畦中进行。育苗前，先将塑料袋盛满营养土，然后将营养袋整齐地排放在事先整好的畦中，扦插时将贮藏的插条剪成有2～3个芽的芽段，用催根药剂处理并催根后，直插在已摆好的营养袋中央，插条的顶芽与袋内土面相平。扦插完后，灌一次透水，并使温室内白天的温度保持在20～25℃（不超过30℃），夜间温度保持在10℃以上即可。

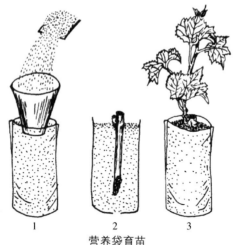

营养袋育苗
1.营养袋装袋　2.扦插入袋　3.成苗

　　扦插后的管理工作主要是保持袋中适当的湿度，切忌袋中渍水。营养不足时，在长出2～3片叶片后，可补喷1～3次翠康苗壮1 500倍液或其他叶面肥促苗生长。苗木长到20～25厘米、有4～5个叶片平展时，大约5月中下旬当地晚霜过后即可在田间定植。

　　营养袋育苗的关键是要注意控制水分，水分过多，会造成插条腐烂变质，因此要经常检查。

（三）压条繁殖

　　压条繁殖是用不脱离母树的枝条在土壤中压埋，促发新根形成新植株，根据所用压条枝条种类的不同，压条分为绿枝压条和成熟枝压条。

　　1. 绿枝压条法　作繁殖用的当年生新梢长至1米左右时，进行摘心并水平引缚，以促其抽生副梢。副梢长约15～20厘米时，将新梢平压于葡萄行间的浅沟中，沟深约10～15厘米，在新梢上先覆5～7厘米厚的土，将副梢露出土面，待副梢生长并半木质化时，再将沟填平。夏季生长中对副梢进行扶植和摘心，秋季起苗时分割为若干个带根的苗木。

2.成熟枝压条法　春天将母株上的一年生成熟枝条压埋于葡萄行间或株间15～20厘米深的沟内，开始少埋土（5～7厘米），并将有芽的部分稍稍露出土面，等到各节上的芽萌发出的新梢长到20厘米左右半木质化时，再进行一次培土（若新梢上有花序时，要及时摘除花序）。并对新梢进行扶植和精心管理，秋后将压条苗木挖起，分剪成一株株带根的苗木。

压条繁殖还常用于植株行内补空，从而使缺株的地方迅速形成生长旺盛的新植株。

（四）嫁接繁殖

1.硬枝嫁接扦插繁殖　繁殖嫁接苗木时，用贝达、北醇等抗寒性强且易扦插生根的品种充分成熟的一年生枝条作砧木插条，砧木插条长约20厘米。作接穗的枝条应品种纯正、生长充实、成

硬枝嫁接——劈接法

熟良好,接穗枝条只剪留一芽,芽上端留1.5厘米,下端剪留4~6厘米,嫁接用切接法。

切接法也称劈接法,这是将接穗下端两面切削成楔形,斜面长约3~5厘米,而将砧木插条上端平剪后从中央纵切一刀,然后将接穗插入砧木切缝中,对准形成层,用塑料薄膜或线、绳绑扎。

近年来,嫁接机开始在各地应用,用机器嫁接效率高,操作也更为方便。

嫁接操作可在室内进行,嫁接后必须加温促进嫁接口愈合和砧木插条生根。加温的方法与前述催根方法相同。一般经过15~20天嫁接口即可愈合,同时砧木插条下部开始形成新根。为了促进砧木插条发根,可用300毫克/千克萘乙酸浸蘸插条基部5~10秒,然后再进行催根处理。嫁接时间一般在扦插前15天左右;催根后即可露地扦插或温室扦插,扦插时嫁接口要高于畦面,防止嫁接口生根。扦插后注意保持土壤湿润,其他管理方法与一般扦插苗管理相同。

2.带根苗木嫁接法 冬季在室内或春季栽植前用带根的一二年生砧木苗进行嫁接,也可以先定植砧木苗然后嫁接。

3.葡萄绿枝嫁接 绿枝嫁接是葡萄独有的一种繁殖方法,操作容易,成活率高,是加速良种苗木繁殖的好方法。

(1)嫁接时期 当接穗和砧木当年生绿枝达到半木质化状态,即刀削后枝条木质部稍露白时即为嫁接最适时期。一般从5月下旬到6月上旬(葡萄开花前后)最为适宜,7月中旬以后嫁接,成活后抽生的枝条当年老熟不好,冬季容易受冻干枯。

(2)接穗的准备 接穗应选取优良品种新梢中部充实的芽眼,夏季修剪中剪下的健壮副梢的中下部新梢是良好的接穗材料。剪取的绿枝接穗,要随采随用。已采集的接穗摘去叶片后保留少许叶柄,包在湿毛巾内,以保持接穗的新鲜,如果远途运输,可放入装有冰块的保温箱里存放运输。

(3)砧木准备 砧木选用粗度与接穗大致相同的幼苗或强壮

新梢，对于硬枝嫁接未成活的植株进行补接时，主要利用基部发出的健壮新梢或萌蘖。利用当年扦插苗作砧木时，为了促使砧苗粗壮，可在砧苗长出4～5片叶时进行摘心。

（4）嫁接方法　葡萄绿枝嫁接一般采用劈接法，方法是：先削接穗，接穗上留1～2芽，在接穗下部芽的下方0.5～0.8厘米处两面各削出3～4厘米长的斜面，斜面要平滑，呈楔形，切面要一刀削成。接穗一边稍薄，另一边稍厚，这样有利于插入砧木后结合严密。然后在芽的上部留2～2.5厘米剪断。削后的接穗，可放入清水中或含在口中，然后将砧木留3～4片叶剪断，再用刀片在断面中央垂直向下纵切成长3～4厘米的切口，随之即将接穗缓慢插入切口。插入时对于切面薄厚不等的接穗，削面上端的厚面朝

绿枝嫁接

外，薄面朝里，这样穗砧结合紧密，同时要注意使砧木和接穗的形成层对齐，并略"露白"1～2毫米以利于愈合。嫁接后用宽1厘米的塑料条从砧木接口的下边向上缠绕，一直缠到接穗的上切口，塑料条的末端回绕到下边打个活结即可。为了防止接口处水分散失以及成活后嫩梢免遭日灼，可用砧木上靠近接口处生长的叶片进行适当遮阴。

(5)嫁接后管理　嫁接后立即灌一次细水，保持土壤水分充足。一周后检查成活状况，凡是接芽鲜绿或其叶柄一触即落的，说明已经嫁接成活。如接芽变褐、叶柄干枯不易脱落，则表示嫁接未成活。成活后的植株，当新梢长到有8～10片叶平展时进行摘心，促进新梢粗壮，同时要及时解除接口上绑扎的塑料条，防止影响枝条加粗生长。

4.绿枝接硬枝　利用砧木新梢绿枝嫁接未发芽的硬枝接穗(俗称"孙子背爷爷")是我国葡萄果农的一个新发明。它将上一年的优良品种的枝条在低温条件(4～5℃)下贮存，当砧木新梢长到和接穗粗度一样时，取出贮存的枝条，削成带一个芽的接穗，采用劈接的方法进行嫁接。这种方法不但嫁接成活率高，而且延长了嫁接时间，是对常规嫁接方法一个很好的补充。但采用该方法一定要注意对插条低温保存，防止插条芽眼萌动。

二、葡萄苗木出土与苗木标准

(一)苗木出土时间

秋季苗木叶片自然脱落后即可开始出圃，气候温暖的地区秋季起苗后可立即进行秋栽，这样不但利于根系恢复，而且也可以使苗圃地在起苗后布种绿肥或种植其他作物以恢复地力。但在冬季较为寒冷的北部地区，秋季落叶挖苗后，不宜立即栽植，而要将苗木假植于地窖或假植沟中，以备第二年春季进行栽植。

（二）起苗与假植

起苗前要在苗圃中进行认真的品种核对和标记，严防起苗中发生品种混乱和混杂。如果苗圃土壤干燥，可事先灌一次细水，这样不但挖苗容易，而且不易损伤苗木根系。挖苗时应尽量远离苗木根颈部分，一般先在行间挖掘，然后再在株间分离，以保证每株苗木的肉质根长度都在15～20厘米以上。

挖苗时要注意尽量多地保留支根和须根。挖苗后立即将伤根、断根剪去，然后按品种每50株捆成一捆，并在捆外挂上品种标签。要运销的苗木可在根部沾泥浆并用草袋、麻袋进行包装，对运输较远的苗木，在袋内填入适量保湿物或用塑料袋包装，防止运输过程中失水干枯。对暂不外运的苗木要立即进行沙藏或假植。

苗木假植沟应设在背风向阳、土层深厚、不积水的地方，假植沟一般深80～100厘米、宽80厘米，长度按需要假植苗木的多少而定。放苗前先在沟底填入一层湿沙或细土，然后将捆好的苗木根系向下，按品种整齐排在沟内，并在根系部分填上厚15～20厘米的细沙或细土，对苗木上部枝条应覆盖一层薄膜并用土适当掩埋，土厚约20～30厘米，以防止冬季冻梢和苗木风干。为了防止假植中造成品种混杂，除每捆苗上应挂上品种名牌外，还应对假植沟内各种品种苗木假植情况作详细记载，起苗时应再次核对。

（三）苗木分级与检疫

按国家规定的苗木标准对苗木进行分级和检疫是苗木出圃前的一个重要环节，只有合乎规定标准的苗木才能用于栽植（表3）。

表3　葡萄苗木质量标准

	项目		一级	二级
扦插苗	根系	侧根数	8条以上	6条以上
		侧根长度	20厘米以上	15厘米以上
		侧根粗度	0.3厘米以上	0.2厘米以上
		侧根分布	分布均匀,须根多	分布均匀,有须根
	蔓	基部粗度	0.8厘米以上	0.6厘米以上
		饱满芽	7~8个	5~6个
嫁接苗	砧木高度		15~20厘米	15~20厘米
	接口愈合程度		完全愈合	完全愈合
	根、蔓		与扦插苗相同	与扦插苗相同
机械损伤			无	无
检疫性病虫			无	无

注:1.绿枝嫁接苗木标准略低于一般苗木标准,但必须是枝叶健壮,根系完整,无病虫为害。

2.营养袋苗木圃时应有3~5个平展叶片,而且心叶健壮。

3.出圃苗木品种必须纯正。

4.全国检疫性病虫为葡萄根瘤蚜、美国白蛾、葡萄根癌病、皮尔氏病等。

第四章　葡萄园建立

一、园地选择

葡萄适应性较强，在坡地、滩地或平地及农村庭院四旁均可栽植。但葡萄性喜阳光和疏松的土壤，最忌光照不足和潮湿黏重的土壤，因此在栽植之前必须重视园地的选择。虽然葡萄适应性较强，但在不同土壤、不同的地势、不同的坡向条件下，葡萄的生长、产量、品质等都互不相同，为了获得最佳的栽培效益，要选择最适合葡萄生长的地方种植葡萄。

二、葡萄园规划

种植地方选好后，就可进行葡萄园规划。面积超过3～4公顷以上的葡萄园，要根据地形、地块、品种等进行小区规划，一般每个小区0.67公顷（10亩）左右，小区内每个种植行长60～100米，不宜过长。在小区规划的同时，还要规划田间道路、排灌系统、防风林、工作间等附属建设项目。

三、葡萄园株行距

葡萄园株行距是葡萄园规划时必须重视的问题。株行距对葡萄园小气候和通风透光状况有决定性的作用。葡萄园株行距和当地光照和所栽品种及所用架式密切相关，在西北、华北，若采用棚架栽培，行距应保持5～6米，株距0.75～1.2米。若用篱形架或 V 形架，行距 2.5～3.0 米，株距 0.8～1.2 米，为了便于冬季行间取土进行埋土防寒，行距还应加大 0.5 米。陕西关中地区棚架栽培，行距应保持 6 米左右，株距 0.8～1.2 米。若用篱形架或 V 形架，行距 2.5～3.0 米，株距 0.8～1.2 米。在雨水较多的地区，不能栽得过密，棚架栽培，行距应保持 6 米左右，株距 1.0～1.2 米；篱形架或 V 形架，行距 3.0 米，株距 1.2～2.0 米。一般来讲，在温暖多雨、肥水条件好的地区，为了改善光照条件，株行距可大些；而气候干旱、肥水较差、生长较弱的地区，株行距可小些；而在气候潮湿、土壤肥沃、生长势强的地方株行距一定要大些。

酿造品种多用篱架，一般行距 2.5 米，株距 1～1.5 米左右，栽植密度要比鲜食品种大。

四、栽植沟准备

葡萄栽植要采用沟栽，栽植沟的行向，用篱架栽培的一律采用南北走向，这样篱架两面都能接受日光的照射。用棚架栽培的南北走向和东西走向均可，但一般多用东西走向。栽植沟应在栽植前一年秋季挖设，以利于土壤充分熟化。栽植沟长度根据栽植行长度而定，深度和宽度 60～80 厘米，沟内填入粉碎的秸秆和混合的有机肥和表土及过磷酸钙肥料，每 667 米^{2}积肥施入量 4 000～5 000 千克，并灌水沉土，经一冬风化后，第二年春栽植。在土壤疏松的地区，也可采用挖栽植穴的办法，穴的直径和深度 60～70厘米，同样施入秸秆和有机肥。

在气候寒冷、干旱的西北和华北北部地区，应推广采用深沟浅埋栽植法，即栽植沟宽 80 厘米，深 80～100 厘米，沟内填入土和有机肥约达 60 厘米处，葡萄栽植于深约 30 厘米的定植沟内，每年植株施肥、灌溉、下架防寒均在沟中进行，埋土时取土也不伤葡萄根系，这样能显著提高植株抗旱、抗寒能力。

深挖定植沟

定植沟中填入秸秆等有机肥

葡萄苗木消毒

定植后覆膜

建 园

五、苗木栽植

1. 栽植时间 葡萄苗木从落叶以后到第二年春季萌芽以前，只要气温和土壤状况适宜，都可进行栽植。冬季温度较高的地区以秋栽为主，而西北、华北地区冬季寒冷，葡萄应采用春栽。而在设施温室中，冬季土壤不封冻，则多用秋栽，秋季栽植一般在10月上中旬进行。秋季栽植宜早不宜迟，有条件的地方9月下旬即可栽植。

春季栽植的地区一要注意栽植后利用覆盖、勤灌等措施防止春旱对幼树生长的影响，一定要注意适时栽植，不可拖到苗木萌芽才匆匆栽植，这样对苗木成活和生长影响很大。利用营养袋育苗时，在当地晚霜过后即可带叶移栽。

2.栽植方法　栽植时对苗木进行剪枝和修根，剪去过长、过细和有伤的烂根，再用清水将苗木根系充分浸泡8～12小时，然后用含有500毫克/升浓度萘乙酸溶液的泥浆蘸根，再按株行距规定的要求进行栽植。栽植深度以苗木的根颈部与地面相平为准。栽植时根系要摆布均匀，填土一半时轻轻提苗，再继续填土，与地面相平后踏实，最后浇透水。在渭北秋栽的苗木入冬前要把苗木全部埋严覆盖在土中，开春后再把土堆扒开。春栽的苗木待水渗完立即进行覆土，以防树盘土壤干裂跑墒，春季覆盖地膜或覆草对促进苗木成活有很大的作用。

营养袋苗当年栽植插杆扶直

营养袋绿苗移栽时，应带好土团，在早上或傍晚移栽，栽植时要去除塑料袋，栽后及时灌水，以保证绿苗成活。

六、葡萄直插建园

葡萄直插建园是不经过育苗阶段而将插条一次性插定于栽植穴中直接培育成苗的一种快速建园方法，它省去了较为复杂的育苗和栽苗过程，将育苗和栽苗一并进行，在管理良好的条件下，苗木生长迅速健壮，第二年即可开始结果。其具体方法是：

1. **挖好插植沟**　于栽植前一年秋季挖宽0.6～0.8米，深0.8米的插植沟，沟底填入切碎的玉米秸秆，然后再用混合好的表土与有机肥将沟填平，并灌一次透水，使沟内土壤沉实。

2. **整理插植带**　在插植沟内表土略干、不发黏时进行整地，干旱的地区可在插植沟内作平畦，在较为潮湿的地方可做垄或高畦。直插建园时，插植带应铺盖黑色地膜，膜的周边用细土压实，覆膜能有效提高地温，并有保墒和减少杂草危害的作用。

3. **扦插时间**　　直插建园开始时间一定要适宜，插植过早，地温过低，插条不易生根萌发，而扦插过晚，气温升高较快，芽易萌动而根生长滞后，易形成先萌芽后生根生长缓慢的现象，华北地区在土壤覆膜条件下，直插建园开始时期以4月上旬为宜，华中在3月下旬，而西北和东北地区则应在4月中下旬。

4. **插条剪截与催根处理**　直插建园多用长条扦插，即一个插条上要保留3～4个芽眼，插条长的枝条内贮藏养分较多，这样有利于插条发根和幼苗生长。为了保证直插建园的效果，对插条应进行催根处理，方法同前。

5. **扦插方法**　扦插时按规定的株距在插植沟的覆膜上先用前端较尖的小木棍在插穴上打2个插植孔，为了保证每个插植穴都有成苗的植株，一般每个插植穴上应按行向互相斜插2个插条，插条间距离约10厘米，插条上部芽眼与地膜相平，并使顶芽处在插条的背上方。扦插后应及时向插穴内浇足水，水略渗后即用细土在插条上方堆一高约15厘米的小土堆，掩盖住插条，堆土对防止风干跑墒、促进插条成活有十分良好的作用。

6. **插后管理**

（1）加强检查，保证全苗　扦插后要注意观察检查，一般扦插后15～20天插条即可开始生根和萌动，对少数芽眼尚未萌动的插条，可细心扒开覆土进行检查，以防止嫩芽被压在地膜下或上部芽眼未萌动而下部芽抽生，检查后要及时处理，并用细土再略覆盖。对确未成活的可进行补插。

（2）灌水施肥　扦插后要防止土壤干旱，若遇大风干旱时，可用细水沿扦插穴进行浇水，切勿大水漫灌，以防降低土壤温度和造成土壤板结，影响生根。

（3）追肥促壮　在萌芽后幼苗开始旺盛生长时，结合灌水追施少量速效氮肥及叶面肥，促进枝叶健壮生长。

（4）立杆扶直　插条萌芽后要及时立杆、扶直，促进枝条健壮生长。

立杆扶直

（5）防治病虫　萌芽后要及时防治各种病虫。

（6）秋后管理　秋后根据整形要求，留单株或双株，过多的苗可适时移出。

七、葡萄夏季修剪

葡萄夏季修剪在萌芽后生长期内进行，葡萄生长量大，若任其生长就会枝条紊乱，架面过密，影响通风透光，因此，必须重视夏季修剪，葡萄夏季修剪的主要工作为：

1. 抹芽和定梢　抹芽在春季萌芽后进行，在一个芽眼上只保留一个由主芽抽生的壮梢，抹去已萌芽的多余预备芽抽生枝，同时也要抹掉枝条上的弱芽和老蔓上萌动的隐芽以及主蔓基部抽发出的萌蘖。但在西北、华北地区为了预防晚霜，抹芽应适当推迟到最后一次晚霜后再进行。

定梢在新梢长15厘米左右、能看到花序时进行。根据架面和负载量情况，去掉过多、过密、过弱的枝条，保留一定数量健壮的结果枝和营养枝。

2.新梢摘心　新梢摘心的最佳时间和摘心强度与品种、树势等有关，凡是落花落果重的品种如巨峰等，摘心要早，一般在开花前3～5天进行，而且摘心强度要大，甚至只保留花序前1～2片叶进行摘心；而坐果率高、果穗紧的品种如红地球等，则应在花期或落花后进行摘心，摘心强度也稍轻，一般常在花序以上留5～6片叶摘心。发育枝摘心在枝条上有8～11个叶片完全伸展时进行。

3.副梢处理　结果枝上的副梢，在果穗以下的留1～2片叶摘心，对结果部位以上的副梢留2～3片叶进行摘心；对一次副梢上抽生的二次副梢，除枝条顶端保留1～2片叶摘心外，其余的二次副梢一律尽早抹除。

对营养枝上的副梢，一般保留2～3片叶进行摘心，以后抽生的二次副梢也只保留顶端的一个，同时留1～2片叶反复摘心，以促进副梢生长健壮，培养成为第二年的结果母枝。

葡萄副梢摘心

副梢叶片对增加光合产物积累、促进花芽分化和预防果实日烧病有重要的作用，要合理利用副梢，不能采用一律抹除和过重的处理方法。

4. 绑蔓、去卷须　当新梢生长至40厘米左右时，及时引缚在架面上，以利通风透光和避免被风吹断，一般水平引缚能缓和生长，而垂直引缚有促进生长的作用。葡萄绑缚采用"8"字形绑缚，以防枝条在铁丝上擦伤或磨断。近年来采用绑蔓机或绑蔓覆塑铁丝进行绑蔓，大大提高了工作效率。

结合夏剪可随时剪除卷须。

第五章　花序修剪与果穗管理

一、花序修剪

葡萄是圆锥花序，一个花序上有几百个甚至上千个小花，但对鲜食葡萄来讲，要求的是整齐而且大小适当、松紧适度的穗形与色美、质优、大小适宜的果粒。花序修剪和果穗整理能促进果穗和果粒的整齐一致，是鲜食葡萄生产中不可忽视的一项工作。酿酒品种一般不进行花序整理与果穗修剪。

葡萄花序修剪分两次进行，第一次在新梢上花序展现之后，根据植株的负载状况及时疏除过多或部分弱小的花序；第二次在花序展开但尚未开花时进行，主要工作是剪去花序上的副穗和花序前端1/4的小花穗。

对巨峰系品种和一些大果穗的品种，如红地球等，花序修剪不仅要去除副穗和穗头穗尖，同时还要去除副穗以下的1～2个小花穗，使整个果穗上只保留中下部的10～14个小穗，这样再结合进行赤霉素处理，使保留的果粒均匀增大，果穗更为紧凑、美观。

红地球葡萄花序修剪前　　　　　　红地球葡萄花序修剪后

二、拉长花序

对于一些果粒大、坐果率高、果穗大的品种，为了保证使果粒正常膨大有足够的空间，就需要利用生长调节剂适当拉长花序。拉长花序采用赤霉素溶液，浓度为3～5毫克/升，处理时间为开花前7～10天，即结果枝上有10～11个叶片平展时。这次处理采用全株喷布。

注意：花序拉长剂既有拉长花序的作用，同时也有强烈的疏花效果，因此对落花较重的巨峰系品种一般不要进行花序拉长，以防造成落花落果。同时在气候湿热的地区和设施栽培时，花序一般能自然拉长，也不需要进行药剂处理拉长花序。

花序拉长

用拉长剂处理后果穗松散

未用拉长剂处理果穗紧密

三、果穗修整

　　果穗整理在生理落果后、坐果基本稳定后进行。果穗整理主要是疏理果穗形状，剪除生长不正常或过小、过密的果粒，使果粒在果穗上分布均匀，果粒大小整齐，整个果穗匀称发育，大小适中。

去除上部分枝

去除副穗

掐去花序尖部

一般栽培花序修剪

整穗后呈圆柱形果穗

四、植物生长调节剂的应用

葡萄生产上应用植物生长调节剂除了促进扦插生根以外，还有三个主要目的，一是促进果实膨大，二是形成无核果实，三是促进果实上色成熟。

（一）促进果实增大

1. 无核品种　无核品种一般果粒较小，利用赤霉素处理可以有效增大果粒。无核品种利用赤霉素增大果粒一般要处理两次，第一次处理在盛花至盛花后 1 ～ 3 天，用赤霉素 25 ～ 30 毫克/升处理花序；第二次处理在盛花后 10 ～ 15 天，用浓度为 50 ～ 200 毫克/升的赤霉素溶液处理幼果。

2. 有核品种　一般有核品种赤霉素处理效果不明显，而对种子较少的品种和一些欧美杂交种品种处理效果较好，一般在盛花后 12 ～ 15 天，所用浓度为 25 ～ 200 毫克/升（因品种而异）的赤霉素溶液浸蘸幼穗。

除了赤霉素外，吡效隆（CPPU）、赛苯隆（TDZ）也有能明显促进葡萄果粒增大的作用，吡效隆和赛苯隆增大果粒只处理一次，一般在开花后 12 ～ 15 天用 5 ～ 10 毫克/升溶液处理幼穗。吡效隆、赛苯隆促进葡萄果粒增大效果显著，但副作用也明显（果梗变粗、成熟推迟、含糖量降低等），为了保证处理效果多提倡复合用药。常用的配方是用 12.5 ～ 25 毫克/升赤霉素加 2 ～ 3 毫克/升吡效隆，在开花后 12 ～ 15 天处理幼穗。

无论采用那种处理方法，处理时应同时加入 3 000 倍液展布剂，以增加药剂良好黏着、均匀分布的能力，增强处理效果。

（二）促进有核品种形成无核果实

要使有核品种形成无核果实必须进行两次处理，第一次在开花前或盛花期先用 12.5 ～ 25 毫克/升的赤霉素浸蘸花序，使其胚败育，以形成无籽果实；第二次在第一次处理后10天左右，再用20～25毫克/升赤霉素或复合药剂重复处理一次果穗，促进无核果粒增大，即可形成无籽、大粒的葡萄果实。

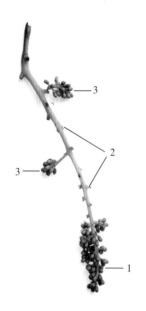

无核化处理的花序修剪
1.只保留花序尖端的4.0～4.5厘米部分
2.去除花序上部所有的分枝和小穗
3.分别留两个小穗做标志，用植物生长调节剂处理后再去除

（三）促进果实上色成熟

利用生长调节剂乙烯利能有效地促进葡萄早上色，早成熟，处理时间在葡萄果实开始成熟（即有色品种开始上色，无色品种开始变软）时进行，方法是用250～300毫克/升的乙烯利溶液均匀浸蘸或喷布葡萄果穗，一般能提早成熟6～8天，除了乙烯利外，在葡萄开始成熟时在果穗上喷布100～200毫克/升的脱落酸（ABA），也有明显的催熟和增色作用。

对用于贮藏的晚熟品种不宜用赤霉素和乙烯利进行处理，以

环剥促进果实成熟

免影响贮藏效果。酿酒葡萄一般不需要用激素处理。

必须指出的是：不同地区、不同葡萄品种、不同生长状况对生长调节剂的敏感程度和反应均不相同，所要求的最佳处理浓度和处理时间也互不相同，尤其是个别品种处理后效果很小甚至产生严重的副作用，因此，使用生长调节剂时一定要预先进行试验，探求出最佳处理的时间、浓度和方法后再推广应用，万万不可盲目搬用套用外地的做法和配方。

同时还应强调的是生长调节剂只调节葡萄的生理活动，它不是植物的营养元素，要充分发挥生长调节剂的作用，必须和良好的栽培管理技术相配合。

五、果穗套袋

套袋能有效防止病虫为害果穗，并防止农药、尘土、雨水等对果穗的污染。葡萄套袋一般在果穗整理后进行。套袋前可先在果穗上喷一次杀菌剂，如多菌灵或甲基硫菌灵、世高加嘧霉胺等，

伞　袋

布质桶袋

待药液干后即可开始套袋。袋子可用质地略好的纸制作，也可购置专门供葡萄用的商品纸袋。葡萄纸袋的长度为35～40厘米，宽20～25厘米，具体长度、宽度根据品种果穗成熟时的长度和宽度而定，但纸袋的大小一定要大于其果穗的长和宽。袋子除上口外其他三面要密封或粘合，并在袋的两个下角上留有通气孔。套袋时将纸袋伸涨，小心地将果穗套进袋内，袋口可绑在穗柄所着生的结果枝上。套袋后进行田间管理时，要注意不要碰动纸袋，防止影响果穗和果粒，采收时连同纸带一同取下。对有色品种，在采前一周先将纸袋下部撕开，以利充分上色。要注意的是套袋材料一定要用防水性、透气性、透光性较好的纸制作。在一些雨量较多的地区，可采用下口开敞的漏斗形袋（伞袋），但千万不能用密闭的塑料袋，以防止袋内湿度过大造成烂果。

第六章　葡萄园土肥水管理

葡萄园土肥水管理是葡萄园周年管理中最根本、最重要的工作环节，良好的土肥水管理是保证葡萄正常生长结果的根本所在。

一、葡萄园土壤管理

保持土壤疏松是保证土壤微生物和葡萄根系正常生理活动的基本条件。葡萄根系呼吸旺盛，栽培上除了科学的肥水管理外，葡萄园要适时进行深耕、中耕，在夏、秋季大雨后必须及时排除葡萄行间积水。在地下水位较高的地区应实行高垄种植。

葡萄园田间管理工作繁多，人为的踩踏对土壤结构影响很大，必须合理规范田间管理工作，保护树盘内土壤的疏松状态，尽量减少对土壤结构的破坏。

葡萄园覆草、覆膜对葡萄园土壤有良好的维护作用，葡萄园生草能有效增加土壤有机质，改良土壤结构，各地应在试验的基础上推广葡萄园行间生草或种植绿肥类植物。

二、葡萄园施肥

（一）基肥

基肥也称底肥，是一年中最重要的一次施肥，施肥量要占到每年总施肥量的70%以上，基肥在葡萄采收后到土壤封冻前这一阶段施用，秋季施基肥在采收后一周即可开始，秋施基肥越早越好。基肥通常用充分腐熟的有机肥料（厩肥、堆肥等），并加入一些速效性化肥，如"田生金"果树配方肥、多酶金尿素、生态聚离子钾、花果多及诺邦地龙生物有机肥等一并施入。

　　施基肥的方法有全园撒施和沟施两种，棚架葡萄多用撒施，施后再用铁锹或犁将肥料翻埋。撒施肥料常引起根系上浮，有条件时应尽量改用沟施法。篱架和V形架葡萄常常采用沟施。方法是在距植株50～60厘米处开沟，沟宽30～40厘米，深40～50厘米，每株施腐熟有机肥25～50千克、过磷酸钙250克、多酶金尿素100～150克。将肥料和土混合均匀后填入沟中。为了减轻施肥的工作量，也可采用隔行开沟的方法，即第一年在第一、三、五……行挖沟施肥，第二年在第二、四、六……行挖沟施肥，轮番沟施，经过几年使全园土壤都得到深翻和改良。

机械施肥

优质安全栽培技术(彩图版)

（二）追肥

追肥是在葡萄生长季节施用，一般一年需追肥3～4次。

第一次追肥是壮芽肥，在春季芽开始膨大时在树两旁挖沟施入，宜施用腐熟的有机肥混掺硝酸铵或多酶金尿素。第二次追肥是壮果肥，在谢花后幼果膨大初期施入，以施腐熟的有机肥、草木灰和速效性磷、钾、钙肥料为主，尤其要重视钙肥的应用，叶面喷施翠康钙宝2 000倍液2～3次。第三次追肥是增糖增色肥，在果实着色前施入，以速效性磷、钾肥和钙肥为主。

在有滴灌设置的葡萄园，追肥可以结合灌水，水肥一体化，直接滴入树根周围的土壤中。

（三）根外追肥

根外叶面喷施是一种经济有效快速补充植物营养的方法。它把无机肥兑成水溶液喷到植株上，靠叶片吸收。根外追肥见效快，也可结合防止病虫喷药时一起喷洒，以节省劳力。一般在新梢生长期喷0.2%～0.3%多酶金尿素或0.3%～0.4%硝酸铵溶液，促进新梢生长。在开花前喷1 500倍翠康花果灵溶液能保花保果。幼果生长期喷施2 000倍翠康钙宝溶液和微量元素肥料。在浆果成熟前喷2～3次1 500倍翠康金钾溶液，可以显著增进品质。在树体呈现缺铁或缺锌症状时，还可喷施0.3%的硫酸亚铁或0.3%的硫酸锌，但在施用硫酸盐根外追施时要注意加入等浓度的石灰，以防药害。

葡萄对钙肥的需求量较大，为了提高鲜食葡萄的质量和耐藏性，在幼果期和采收前一个月内可连续根外喷施两次1%硝酸钙或1.5%的醋酸钙或氨基酸钙溶液，以防日灼和提高葡萄果穗的质量和耐贮、耐运能力。

必须强调的是，根外追肥只是一种应急的辅助措施，它不能代替正常的基肥和追肥，葡萄生产上应该重点抓好基肥和追肥的应用。

三、葡萄园灌溉

葡萄耐旱性较强，我国华北大部分地区的降水量虽然适宜，但雨量的季节分布却不均匀，一般冬、春季干旱，夏、秋季多雨，这在陕西更为突出。因此，各地葡萄园早春要防止干旱，夏、秋季要注意防雨排涝。生产上要保证葡萄的正常生长与结果，一般一年内必须保证3次关键时期的灌水。一是在萌芽前后结合施肥灌一次催芽水；二是在6月份葡萄坐果后到浆果生长初期及时灌一次促果水，促进果实发育长大；三是在入冬前灌封冻水，以利根系和树体的安全越冬和第二年健壮生长。这关键的三次灌溉对提高葡萄产量和质量有着十分重要的作用。

为了保证葡萄正常开花坐果和果实的品质，葡萄开花期和采收前半个月要严格控制灌水，防止影响授粉受精和降低果实品质。对容易发生裂果的品种如乍娜、里扎马特、京优、奥古斯特等，在整个浆果生长期要采用覆膜、覆草等措施保持土壤水分的均衡供应，以防水分剧烈变化引起裂果。

我国地下水资源有限，节水灌溉十分重要，有条件的地方葡萄园要建立滴灌设施。

华北大部分地区夏、秋季葡萄成熟前降雨过分集中，因此，除华北、西北外，各地都应积极推广葡萄设施避雨栽培。

在一些地势低洼的地区，要注意排水系统的建设，雨季来临时及时做好排水防涝工作。

第七章 葡萄整形与修剪

一、葡萄树整形

葡萄整形的目的是培养健壮、枝蔓分布合理、容易管理的树形，为葡萄正常生长结果奠定良好的骨架结构。

1.篱架整形 篱架整形的优点是容易成形，管理方便，结果较早。缺点是修剪量大，结果部位低，枝蔓密集，病害较重，果实品质常受影响。

篱架制作方法是用支柱和铁丝拉成一行行高2米左右的篱架，一般每667米^{2}用40个支柱，支柱高2.6米，埋入土中50～60厘米。行内相邻支柱之间间隔6～8米，支柱上分布3～4道铁丝，葡萄枝蔓均匀分布于架面的铁丝上，利用篱架整形时，根据葡萄枝蔓的排布方式又分为多主蔓扇形和双臂水平整形等多种整形方式。

（1）多主蔓扇形整形 苗木定植后，主蔓留3～5个饱满芽短剪，萌芽后从萌芽的新梢中选留3～4个壮梢，其余新梢全部除去，生长季每个壮梢上留3～4个副梢作侧枝，并适当摘心，当年冬季修剪时，在每个新梢上选生长健壮的2～3个副梢进行短剪，而延长梢适当留长，从而形成由主蔓、侧蔓相结合而形成的多主蔓扇形树冠。第二年继续在主蔓和侧蔓上选留2～3个壮枝作为结果母枝，以后每年对结果母枝进行更新修剪。

多主蔓扇形

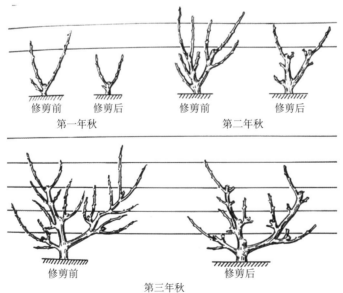

修剪前　　　修剪后　　　修剪前　　　修剪后

第一年秋　　　　　　第二年秋

修剪前　　　　　　　　修剪后

第三年秋

多主蔓扇形整形过程

（2）U形整形　是一种改良式的少主蔓式扇形整形。其方法是在苗木栽植后修剪时，剪留基部3～4个饱满新芽，春季萌发后，从中只选留两个壮梢向上生长，呈U形，当新梢长度达1.2～1.5米时进行摘心，促使新梢上副芽萌发，而在副梢有5～6个叶片展开时及时摘心，促进副梢生长充实，培养成为来年的结果母枝，对以后抽生的二次副梢进行疏枝和摘心。冬季修剪时，在两个主蔓上按适当的位置选留结果母枝，形成有两个主蔓的扇形架面。

这种整形方法主蔓较少，适于密植，当年完成整形，第二年即可进入结果阶段，而且也便于埋土防寒。

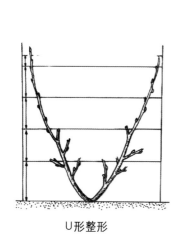

U形整形

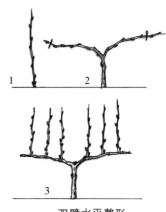

双臂水平整形
1.栽植后第一年　2.培养水平双臂
3.第二年冬剪时延长枝和母枝修剪

（3）双臂水平整形　也称单干双臂整形，栽植当年培养一个直立粗壮的枝蔓，冬剪时剪留60～70厘米，第二年春，选留上部萌发的2个生长健壮向两侧延伸的新梢作为臂枝，水平引缚，其余下部的枝蔓均除掉。冬季修剪时，臂枝留8～12个芽剪截，而对臂枝上抽生的新梢每隔20厘米左右保留一个，并进行短截，作为来年的结果母枝，以后各年均以水平臂上的母枝为单位进行修剪或更新修剪。这种方法主干直立，修剪方便，但难以埋土防寒，只适用于不埋土防寒地区和温室、大棚中采用。

双臂水平整形

单臂水平整形

2. 棚架整形　棚架整形是用支柱和铁丝结合搭成一个棚，葡萄枝蔓在棚面上水平生长，一般架面长6米以上的称为大棚架，6米以下为小棚架。棚架栽培树势缓和，果实品质好，树的寿命长，而且容易进行埋土防寒。棚架的缺点是成形较晚，上架、下架较为费工，管理不太方便。棚架栽培时主要有3种整形方式：

（1）无主干多蔓形　自地面直接发出3～5个主蔓，沿前架上伸，再由主蔓上分生侧蔓和结果母枝分布于架面上。

（2）有主干多主蔓形　培养一个粗大主干，接近架面时再分生侧蔓，侧蔓上再分生次级侧蔓和结果母枝，枝条在整个架面上呈扇形分布。

（3）龙干整形　即由地面发出一条或几条主干（龙干），只有一个主干的常称为"独龙干"，而在主干上不设侧蔓，主干上每隔20～30厘米直接配备一个结果母枝，形成"龙爪"。这种整形方式枝蔓在架面上分布均匀，修剪方便，埋土防寒也较容易。

龙干形结果状

龙干形整形

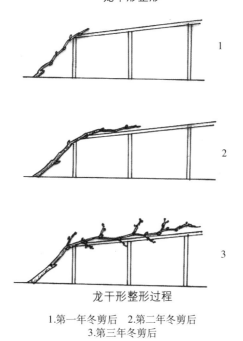

龙干形整形过程

1.第一年冬剪后　2.第二年冬剪后
3.第三年冬剪后

由于棚架整形需要时间较长，当前生产上多采用"先篱后棚"的改良式整形方法。这种方法是，结果的前一、二年在棚架垂直部分采用篱架整形，促其尽早结果，而到第三年枝条延伸到水平架框时，及时将架形改为棚架。这样既利用了篱架结果早、见效快的特点，同时又利用棚架的水平生长的特点，有效地缓和了枝梢生长，增加了结果面积。

3. V形整形　葡萄V形架形是综合了篱架和棚架的优点形成的一种新架形，它在葡萄支柱上设置两个一长一短的横杆，将葡萄枝蔓分向两边，呈V形，不但扩大了植株架面和结果面积，而且缓合了枝蔓的生长势，是当前适合各地采用的一种葡萄整形方式，其整形具体方法是：

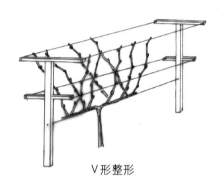

V形整形

V形整形

Ｖ形整形及结果状

（1）设立柱架　水泥支柱高度2.5米以上（若进行避雨栽培，支柱高应为3米），地下埋60厘米左右，地面高度1.8米以上。一般间隔6米栽1根，南北行向。地两头的杆两端拉地锚加固防止倒塌。支柱上第一道钢丝（应采用镀锌钢丝）离地面1米，南北向绑缚在水泥柱上。

第一道横担：长度80～100厘米，离地面高度1.3米，整齐地固定在水泥柱上，每个横担的两端南北向拉两道钢丝。 第二道横担：长度1.6～1.8米，离地面高度1.8～1.9米，固定在水泥柱上，同样，横担的两端南北向拉两道钢丝。

架面完成后应为2道横担、5道钢丝。

（2）整形方法　根据不同地区的环境状况和栽培习惯，Ｖ形整形可分为单干双臂Ｖ形和单干单臂Ｖ形两种。

单干双臂形：株距在1.5米以上时，每株培养1个主干两个主蔓，主干高度达到1米后摘心，促发两个副梢形成两个主蔓，即两个臂，两个主蔓长度各为0.8米左右。主蔓上留6～8个副梢培养成结果母枝，来年结果母枝上着生结果枝，分别向两边引缚，结果枝彼此间距16～18厘米。

红地球葡萄单干双臂V形整形

　　单干单臂形：株距在 1 米左右时，培养 1 个主干 1 个主蔓，主干高度 1 米后，沿第一道铁丝横绑（或摘心促发副梢），形成一个主蔓，主蔓长度 0.8 ～ 1.0 米，主蔓上留 6 ～ 8 个副梢培养成结果母枝，结果母枝上着生结果枝，分别向两边引缚，结果枝彼此间距 16 ～ 18 厘米。

高干双臂V形整形

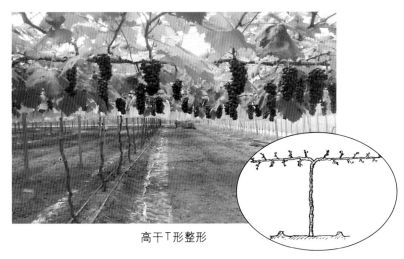

高干T形整形

应注意的是：在西北和华北埋土防寒地区，适合采用倾斜单干单臂整形，这样便于埋土防寒，但一定注意主干要培养成倾斜形，整行向一个方向倾斜约45°，以利于冬季进行埋土防寒。

二、葡萄冬季修剪

（一）冬季修剪的目的

冬季修剪的目的和任务有三个，一是要培养和维持正常的树形，二是保证生长和结果的平衡，三是进行更新修剪，防止结果部位的上升和枝蔓中下部空膛。

（二）冬季修剪时间

在冬季不埋土防寒地区和温室大棚中，冬季修剪多在落叶后至元月中旬间、葡萄萌芽前一个半月进行修剪，修剪不能过晚，以防剪口不能及时愈合，引起伤流。在冬季埋土防寒地区，一般埋土前先进行一次预剪，适当多留些枝蔓，待翌年早春葡萄出土上架时，再进行一次补充修剪。

红地球葡萄防寒带叶修剪

（三）修剪方法

1. 修剪长度　生产上根据剪留芽的多少，将葡萄分为短梢修剪（留2～3个芽）、中梢修剪（留4～5个芽）和长梢修剪（留8个以上的芽）。一般生长势旺、结果枝率较低、花芽着生部位较高的品种，如里扎马特、红地球、美人指等对其结果母枝的修剪多采用长、中梢修剪；而生长势中等、结果枝率较高、花芽着生部位较低的巨峰、玫瑰香及酿酒品种，多采用中短梢修剪。对扩大树冠的延长枝多采用长梢修剪，而结果母枝多用中短梢修剪，预备枝则采用短梢修剪。为了稳定结果部位，防止结果部位的迅速上升和外移，则采用短梢修剪。对于生长粗壮的枝蔓，应适当长放，而对生长势弱的品种和枝蔓则应短截，以促生强壮枝梢。

2. 剪留量（负载量）　冬季修剪时在一株树上保留结果母枝的多少，对来年葡萄产量、品质和植株的生长发育均有直接的影响。因此，冬季修剪时必须根据品种特性和植株实际生长状况，确定适合的负载量，剪留适当数量的结果母枝。

负载量的确定通常采用下列公式计算：

$$\frac{\text{每}667\text{米}^2\text{计划剪}}{\text{留母枝数（个）}} = \frac{\text{计划每}667\text{米}^2\text{产量（千克）}}{\genfrac{}{}{0pt}{}{\text{每个母枝平均}}{\text{果枝数}} \times \genfrac{}{}{0pt}{}{\text{每果枝}}{\text{果穗数}} \times \genfrac{}{}{0pt}{}{\text{单穗重}}{\text{（千克）}}}$$

$$\text{每株剪留母枝数（个）} = \frac{\text{每}667\text{米}^2\text{计划剪留母枝数}}{\text{每}667\text{米}^2\text{株数}}$$

由于田间操作中可能会损伤部分芽眼，所以实际剪留的母枝数可以比计算出的留枝数多10%～15%。

3.更新修剪　　为了防止结果部位外移和枝条下部光秃，每年冬季对枝组上的结果母枝进行更新修剪。结果母枝更新修剪分为一枝更新和二枝更新两种方法。

（1）一枝更新　　一枝更新是在一个枝条上同时培养结果枝和预备枝，修剪时不另留预备枝。方法是：对结果母枝采用中梢或短梢修剪，春季萌芽后，让结果母枝上部抽生的枝条结果，而将靠近基部抽生的枝条疏去花序培养成预备枝，冬剪时，去掉上部已经结过果的枝条，而将基部发育好的预备枝作为结果母枝，以后每年均按此种方法修剪，始终在一个枝条上进行更新。

（2）二枝更新　　二枝更新是留预备枝的修剪法，即在一个枝组上选择两个相近的一年生枝为一组，上部健壮的枝条留4～5芽进行中梢修剪，留作结果母枝，而对下部枝只留2～3芽进行短剪，作为预备枝。待下年冬剪时，把上部已经结果的枝条从基部剪去，而对预备枝上的两个枝条，上部枝条作结果母枝的留4～5个芽修剪，而下部枝条仍留2～3芽短截，以后每年均如此进行修剪。

第一年冬剪　　　第二年冬剪　　　　　第一年冬剪　　　　第二年冬剪

一枝更新　　　　　　　　　　　二枝更新

结果母枝的更新修剪

第八章　葡萄埋土防寒与出土上架

一、葡萄埋土防寒与覆盖防寒

大部分葡萄栽培品种的枝蔓在冬季气温低于 -17℃ 时、根系在 -5℃ 时就会受冻害。为了防止葡萄越冬受冻，在入冬前就要将葡萄枝蔓用土覆盖。西北、华北和陕北及渭北北部地区冬季最低气温常低于这一临界温度，葡萄幼树和弱树抗寒性就更差，因此这些地区冬季必须进行葡萄埋土或覆盖防寒。而华中地区和陕西关中、陕南一般则不需要进行埋土防寒。

陕西渭北南部和晋南、冀南地区处于埋土防寒和不埋土防寒的过渡地区，这一地区虽然一般年份冬季最低温不会导致冻害发生，但冬季突发性低温和早春寒害和冬春季干旱频发，对枝蔓和根系影响很大，因此，在这一地区，为保证树体安全越冬，对幼树、弱树和结果量大的树也应进行埋土防寒或覆盖防寒。

（一）埋土防寒时间

一般在土壤封冻前半月即应开始进行埋土防寒，勿过早或过晚，一般11月上旬土壤结冻前开始进行埋土防寒，而北部寒冷地区可提早进行埋土防寒。

（二）埋土防寒方法

1. 地上全埋法　修剪后将植株枝蔓缓缓捆缚在一起，小心地压倒在地面上，在主蔓弯曲部位的下方用土或草捆垫实，也称树枕，然后用细土覆盖严实，覆土厚度以当地绝对最低温度

和品种抗寒性而定，一般在冬季低温为 -15℃ 时覆土20厘米，-17℃时覆土25厘米，温度越低，覆土越厚。

冬季埋土防寒

2.枝蔓沟埋法　在葡萄行间挖深、宽各30 ～ 50厘米的沟，然后将枝蔓修剪、捆束后压入沟内在上面覆土20 ～ 25厘米。

3.局部埋土法（根颈部覆土）　在渭北一些冬季不太冷的地区或庭院栽培中，植株冬季不下架，封冻前在植株根颈部堆30 ～ 50厘米高的土堆，保护树干的根颈部位，而不全株埋土。此法仅适用于抗寒能力强的品种和绝对最低温在 -15℃ 以上的地方及设施栽培中采用。

根颈部培土防寒

(三)防寒埋土操作要点

1.埋土防寒时,必须在每株葡萄茎干下架弯曲处的下方先用土或草秸做好垫枕,防止在植株上埋土时压断主蔓。

2.埋土时先将枝蔓略为捆束轻轻放入沟内或地面,两侧用土挤紧,然后上方覆盖细土,边培土边拍实,防止土堆内透风。

3.埋土前在植株上覆盖一层塑料薄膜或帘子布,然后再覆土防寒效果更好。

(四)覆盖防寒

覆盖防寒是利用草秸、棉毡、薄膜等覆盖物代替传统的埋土法进行防寒的一种新方法,不仅简便易行,节省劳力,而且能有效防止每年冬季行间取土造成的根系伤害和减少冬春季大气中土壤尘埃含量的作用,值得各地试验推广。其具体方法是:

1.葡萄下架草秸覆盖 每年当葡萄需要下架防寒时,将修剪后的植株枝蔓适当用绳捆束移往架下,植株四周用草秸或建筑上应用的防寒毡被进行覆盖,用草秸覆盖时,草秸的厚度应在20～30厘米,寒冷地区可略厚一些。

免埋土覆盖防寒

免埋土覆盖防寒

2. 覆膜 覆完草秸、毡被以后，在草秸或毡被上覆盖一层宽约2.0米、厚度0.06～0.08毫米的塑料薄膜，也可用温室大棚换下来的旧膜，覆膜不仅有保温和保护草秸的功能，而且有十分重要的保墒作用。

3. 压土 覆完膜后，膜的四周用细土压实，在膜的上面浅覆一层湿土，以起到压膜的作用。覆膜防寒是当前一种新的防寒方法，在覆盖物的选择上各地可选用取材容易、成本低廉的各种防

机械化埋土法

寒物，尤其是用废旧棉、布、纤维等制作的并用塑料薄膜包被的防寒被，不但防寒效果好，而且可以多年连续使用。

二、葡萄出土上架

（一）出土时间

当春季气温达10℃时，埋土防寒的葡萄就应及时出土或撤去覆盖物。出土上架要适时，过早易受冻害；出土过晚，幼芽在土内萌发，出土时容易碰伤嫩芽。正确出土的时间应根据当年的气候和所栽品种物候情况确定。一般在芽眼膨大前即应及时出土。华北地区葡萄出土上架时间大约在清明节前后（当地杏树开花时）。出土时操作过程要细心谨慎，防止碰伤枝蔓造成伤口，加重伤流。

（二）枝蔓上架

葡萄出土后要通过甩蔓促萌，然后尽快上架，上架时要有两人相配合，细心操作，防止碰伤、碰掉已膨大的芽眼，上架绑蔓后可结合病虫防治及时喷布一次3～5波美度石硫合剂或其他药剂，杀灭枝干上越冬的病虫。

甩　蔓

第九章 葡萄病虫害防治

葡萄属于浆果类果树，病虫为害给葡萄造成的损失远比其他果树要严重得多。更为重要的是，病虫防治中的用药种类、用药量和葡萄的质量安全有十分密切的联系，病虫防治一定要遵循预防为主、综合防治、防重于治，抓早、抓好、抓彻底的原则。

一、农业综合防治

农业综合防治是指采用综合的农业技术措施，改善果园小气候，科学管理增强树势，积极推广应用生物、物理防治，最大限度地减少化学药剂的使用程度，有效地控制病虫害的发生，减低生产成本，生产优质安全的高质量葡萄产品。

1. 因地制宜选用抗病品种　合理选用品种是病虫害综合防治的重要基础。发展葡萄生产时，必须结合本地实际情况（气候、土壤），选用适合本地发展的抗病品种和采用适当的砧木。一般来讲，欧亚种品种抗病性比欧美杂交种品种要差，因此在降水量多，气候、土壤潮湿的地区就不宜大量种植欧亚种品种。品种本身抗逆性的高低是决定一个品种在一个地区能否发展的内因和决定性因素，所以必须因地制宜，科学合理地选用适宜当地发展的品种。

2. 加强管理培养健壮的树势　葡萄树势强弱和果园小气候状况直接影响植株的抗病害能力。合适的栽植地点、良好的农业管理技术、适当的栽植密度和整形修剪方式都能使葡萄园内架面通风透光状况良好，植株生长健壮，从而减轻病虫为害程度。合理的水肥管理、土壤管理，尤其是增施磷肥、钾肥、钙肥和微量元素均能促进枝、叶、果生长健壮，增强抗病虫能力。

在葡萄的生产实际中，负载量的高低和葡萄抗逆能力有很大关系，产量过高，叶果比降低，不仅严重降低了果实品质和延迟了果实成熟期，而且容易导致葡萄抗病、抗逆性降低，造成病虫害发生。因此，合理负载、加强管理是促进植株形成健壮树势的重要保证。

在当前管理水平下，鲜食品种合适的产量指标是成龄树每667米^{2}产量1 500千克左右，叶果比达到25：1以上。酿造品种随品种不同有所不同，但一般每667米^{2}合理的产量为1 000 ~ 1 250千克，叶果比不能低于30：1。

3. 重视并应用生物、物理防治　生物防治、物理防治对保护环境和控制葡萄虫害的发生有着十分良好的作用。各地可根据当地的病虫种类选用适当的生物天敌进行科学放养。在物理防治上，要因地制宜的推广应用粘虫板、防虫网、防雹网、防鸟网、果穗套袋、杀虫灯等新技术。频振式杀虫灯能诱杀葡萄园多种害虫，十分经济实用。葡萄套袋技术对防止病虫对果穗的为害、提高果实商品品质有良好的效果，生产上应大力推广。

4. 预防为主，防重于治　葡萄是浆果，果实一旦受病虫为害，损失就无法弥补，所以必须坚持以预防为主的防治方针。尤其要高度重视检疫，严防危险性病虫传入。生产中应认真抓好清园工用，加强病虫预报，及时喷布农药，积极主动的预防病虫害发生。

近年来，我们从实际生产中总结的以预防为主的"葡萄病虫害关键防治点"防治法，在防病虫的关键时刻进行防治，有效地控制了病虫害的发生，将一年中喷药次数降低到7 ~ 8次（图1、表4）。

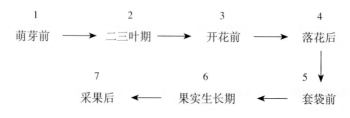

图1　葡萄病虫害关键防治点

表 4 葡萄病虫害关键防治点

关键防治点	时 期	主要防治对象	常用药剂
1	萌芽前	各种越冬病虫	3～5波美度石硫合剂或sk矿物油+毒死蜱
2	2～3叶期	各种病害，绿盲蝽	世高、波尔多液、代森锰锌、多菌灵、阿米西达、吡虫啉
3	开花前	穗轴褐枯病、灰霉病、黑痘病、黄化病、落果	阿米妙收、卉友、多菌灵、百菌清、咪鲜胺、阿维菌素、翠康保力、翠康金朋液
4	开花后	穗轴褐枯病、灰霉病、白腐病、大小粒	阿米妙收、甲基硫菌灵、硫酸锌、翠康钙宝
5	套袋前	灰霉病、白腐病、炭疽病	阿米妙收、氟硅唑、吡虫啉、嘧霉胺
6	转色期	白腐病、霜霉病、灰霉病、酸腐病、掉粒、金龟子	阿米妙收、福奇、阿维菌素、翠康钙宝、敌百虫糖醋诱杀液
7	采收后	霜霉病	烯酰吗啉、霜霉威、彻底清园

注：各地可根据当地实际情况调整用药，果实采收前20天停用一切农药。

5. 合理使用农药，将农药使用量降到最低程度 在当前，化学防治仍是葡萄病虫害防治工作中不可代替的重要组成部分，但一定要注意合理选用和科学使用农药，严格禁止使用无公害及绿色食品生产中已明文规定不能使用的剧毒农药和残效期较长的农药种类。在病虫防治上要根据防治对象和发生规律，合理选用适当的农药种类和喷药时间与使用方法。要重视保护天敌资源，降低用药成本，防止盲目打药造成的不应有的损失。

二、葡萄主要病害及其防治

1. 葡萄黑痘病

（1）症状 葡萄黑痘病主要侵染葡萄幼嫩的叶片、叶柄、果实、果梗、穗轴、卷须和新梢等部位。叶片和嫩梢发病后开始出现针尖大小的红褐色斑点，周围有黄色晕圈，后病斑扩大呈圆形或不规则形，中央变成灰白色、稍凹陷，边缘暗褐色，并沿叶脉连串发生，产生长椭圆形或条形的暗褐色凹陷病斑，以后中央部分变为灰褐色，严重感病部位以上枝梢枯死。果实发病之初产生圆形深褐色小点，随后扩大，直径可达2～5毫米，中部凹陷，呈灰白色，周缘有紫褐色晕，呈现典型的鸟眼状病斑。染病的幼果停止生长，味酸质硬、畸形，病斑处有时开裂。

黑痘病

（2）发生规律　该病菌主要在病蔓、病叶、病果中越冬，翌年4～5月借雨水传播。病菌的远距离传播主要通过带菌的枝条和苗木。在高温多雨季节，葡萄生长迅速、组织幼嫩时发病最重，天气干旱时发病较轻，欧亚种品种最易发病。

（3）防治方法　①苗木消毒。对从外地引进的苗木、插条在栽植或扦插前用3波美度石硫合剂浸条和苗木，进行消毒预防。②冬季清园。结合修剪彻底剪除病枝、病果，剥除老蔓上的枯皮，集中烧毁。③使用铲除剂。在葡萄发芽前认真喷洒1次铲除剂，消灭越冬潜伏病菌。常用的铲除剂有3～5波美度石硫合剂、世高

1 000倍液或80%代森锰锌（山德生）800倍液。④药剂防治。生长前期每10天左右喷布1次200～240倍半量式波尔多液或1次世高1 000倍液、山德生80%（络合代森锰锌）800～1 000倍液、45%咪鲜胺水乳剂2 000倍液、50%的多菌灵600～800倍液、阿米妙收3 000倍液，均可有效防止黑痘病的发生，最为重要的是，在二三叶期、开花前和落花后，这几次喷药必须认真抓好。为了增加药液黏着力，可加入0.1%的皮胶。

一旦发现病害发生立即用5%霉能灵800～1 000倍液或32.5%阿米妙收悬浮剂1 500倍液、20%苯醚·咪鲜胺微乳剂1 500倍液、30%戊唑醇悬浮剂5 000～6 000倍液进行防治。

2. 葡萄炭疽病

（1）症状 主要为害接近成熟的果实，也称晚腐病，近地面的果穗尖端果粒首先发病。果实受害后，先在果面产生针尖大的褐色圆形小斑点，以后病斑逐渐扩大并凹陷，表面产生许多轮纹状排列的小黑点，即病菌的分生孢子盘，天气潮湿时涌出锈红色胶质的分生孢子团是其最明显的特征。果梗及穗轴发病，产生暗褐色长圆形的凹陷病斑，严重时使全穗果粒干枯或脱落。

炭疽病

（2）发生规律　病菌主要在患病的结果母枝表层组织及病果上越冬。一般年份病害从7月上旬开始发生，8月进入发病高峰期。病害的发生与降雨关系密切，降雨早，发病也早，多雨的年份发病重。果皮薄、含糖量高的品种发病较重。早熟品种由于成熟期早，在一定程度上有避病的作用，晚熟品种往往发病较严重，土壤黏重、地势低、排水不良、坐果部位过低、管理粗放、通风透光不良均能招致病害严重发生。

（3）防治方法　①秋季彻底清除架面上的病残枝、病穗和病果，并及时集中烧毁，消灭越冬菌源。②加强栽培管理，及时摘心、绑蔓和中耕除草，为植株创造良好的通风透光条件，同时要注意合理排灌，降低果园湿度，减轻发病程度。③春天葡萄萌动前，在结果母枝上喷洒溴菌清（炭特灵）或3～5波美度石硫合剂，铲除越冬病源。6月下旬至7月上旬开始，每隔15天喷1次药，共喷3～4次。常用药剂有20%世高2 000倍液、20%咪鲜胺锰盐水乳剂1 500～2 000倍液、20%苯醚·咪鲜胺微乳剂1 500～2 000倍液、50%多菌灵600～800倍液，对结果母枝要仔细喷布，一旦发现有炭疽病发生要及时喷布32.5%阿米妙收悬浮剂1 500～2 000倍液迅速进行治疗。④果穗套袋可明显减少炭疽病的发生，应提倡广泛采用。

3. 葡萄白腐病

（1）症状　主要为害果实和穗轴，也能为害枝蔓和叶片。发病先从距地面较近的穗轴和小果梗开始，起初出现淡褐色不规则的水渍状病斑，逐渐蔓延到果粒，果粒发病后1周，病果由褐色变为灰褐色，果肉软腐，果皮下密生白色略突起的小点，以后病果逐渐干缩成为有棱角的僵果，感病果粒很易脱落，并有明显的土腥味。叶片发病时先从叶缘开始产生黄褐色呈水渍状的V形病斑，逐渐向叶片中部扩展，形成近圆形的淡褐色大病斑，病斑上有不明显的同心轮纹。后期病斑部分产生灰白色小点，最后叶片干枯，极易破裂。

（2）发生规律　病菌在病果、病叶和树盘土壤中越冬，第二

白腐病病果

年靠风雨传播，经伤口入侵。从幼果期至成熟期，病斑上可以不断散发分生孢子引起重复侵染。该病的发生与雨水和植株上的新伤口有密切关系，雨季来得早，发病也早，高温多雨有利于病害的流行。各种伤口均易导致病菌侵入，尤其是冰雹、暴风雨后更易发病。病害的发生与葡萄的生育期关系密切，果实进入着色期，感病程度明显增加。

（3）防治方法　①秋末认真清园。冬季结合修剪，彻底清除落于地面的病穗、病果，剪除病蔓和病叶并集中烧毁。②加强栽培管理。合理修剪，创造良好的通风透光条件，降低田间湿度，尽量减少果穗和枝蔓上的伤口。栽培上可适当改良架形，提高坐果部位以减少发病。③坐果后经常检查下部果穗，发现零星病穗时应及时摘除，并立即喷药。以后每隔15天复喷1次，至果实采收前1个月为止。常用药剂有山德生（80％络合代森锰锌）800倍液、80％喷克可湿性粉剂800倍液、50％多菌灵600～800倍液、50％甲基硫菌灵600～800倍液和20％苯咪甲环唑2 000倍液，一旦发现有白腐病发生应及时喷20％苯醚·咪鲜胺微乳剂1 500～2 000倍液、25％戊唑醇悬浮剂4 000～5 000倍液、70％甲基硫菌灵粉600～800倍液等药物喷雾治疗。④在发生冰雹或暴风雨后12小时内，必须抓紧时间喷施一次预防药剂，如6 000～8 000倍液40％福星乳油或50％甲基硫菌灵1 000倍液等药剂。⑤推广果穗套袋技术。这样既能提高果品质量，也能防止多种病菌侵染。

4. 葡萄霜霉病

（1）症状　葡萄霜霉病主要为害葡萄的叶片、花序和幼穗，叶片发病时，最初为细小的不定形淡黄色水渍状斑点，以后逐渐扩大，在叶片正面出现黄色和褐色的不规则形病斑，经常数个病斑合并成多角形大斑，病叶背面产生白色的霜状霉层，发病严重时，叶片焦枯卷缩而且易早期脱落。嫩梢、叶柄、果梗、幼果等发病，最初产生水渍状黄色病斑，后变为黄褐至褐色，形状不规则。

霜霉病为害叶片

（2）发生规律　病菌在植株病残体上越冬，借风雨传播，从叶片背面气孔侵入。气候潮湿即可发病，立秋前后和8～9月为发病高峰期，雨后闷热天气更容易引起霜霉病突发。该病的发生与降雨有关，低温高湿、通风不良有利于病害的流行。果园地势低洼、栽植过密、架面过低、管理粗放等都容易使果园内通风透光不

霜霉病为害花序

良，果园小气候湿度增加，从而加重病情。施肥不当，偏施或迟施氮肥，造成秋后枝叶繁茂，表皮组织成熟不良，也会使病情加重。品种间抗病性有一定差异，美洲种葡萄较抗病，而欧亚种葡萄则较易感病。

（3）防治方法　①冬季清园。认真收集病叶、病果、病梢等病组织残体，彻底烧毁，减少果园中越冬菌源。②实行避雨栽培是预防霜霉病的重要措施。避雨栽培能有效预防霜霉病的发生，同时栽培上要保持良好的通风透光条件，降低果园内小气候湿度；此外，增施磷钾肥，可以提高葡萄的抗病能力。③药物防治。防治霜霉病的药物很多，预防上一般用200～240倍半量式波尔多液或25%阿米妙收1 500倍液、山德生（80%络合代森锰锌）600～800倍液、65%代森锰锌可湿性粉剂400～500倍液、50%多菌灵粉600～800倍液、70%甲基硫菌灵粉800～1 000倍液等，每隔10～15天喷1次，注意重点喷布叶片背面，并交叉用药，连续2～3次，可以获得较好的防治效果。初发病时可用50%烯酰吗啉（科克、安克）可湿性粉剂800～1 000倍液或32.5%阿米妙收悬浮剂1 500倍液进行防治。以35%甲霜灵锰锌可湿性粉剂

2 000倍液与代森锌混用，比单用效果更好，同时还可兼治其他葡萄病害。利用甲霜灵灌根也有较好的预防效果，方法是在发病前用稀释750倍的甲霜灵药液在距主干50厘米处挖深约20厘米的浅穴进行灌施，然后覆土，在霜霉病严重的地区每年灌根2次即可。用灌根法防治霜霉病药效时间长，不污染环境，更适合在观光葡萄园和庭院葡萄上采用。

5.葡萄白粉病

（1）症状　该病主要为害葡萄的果粒、叶片、新梢及卷须等绿色幼嫩组织。叶片受害时，最初在叶面上产生细小、淡白色的霉斑，逐渐扩大成灰白色粉末状，严重时蔓延到整个叶片。果实受害时在果面产生白色粉状霉层，幼果期受害，果实萎缩脱落；果实稍大时受害，表皮细胞死亡而变褐，果实停止生长、硬化、畸形，常常造成裂果，味极酸；后期病果干枯腐烂。

白粉病为害果实

（2）发生规律　病菌在被害组织或芽鳞中越冬，第二年7月上旬开始发病，7月下旬进入盛期；高温干旱的闷热天气有利于病害的发生和流行。设施栽培中温度较高，白粉病是主要的病害种类。幼叶及幼果易感病，老龄叶片和果实着色后很少发病；栽植过密，管理粗放，通风透光不良等有助于发病。

（3）防治方法　①加强栽培管理，增施有机肥，提高植株抗病力。②注意果园卫生，冬季结合修剪剪除病枝，并清除落叶落果，及时烧毁，减少越冬菌源。③药物防治，硫制剂对白粉病防治有良好的效果。石硫合剂、硫黄胶悬剂、粉锈宁等药剂都有良好的防治作用。葡萄发芽前喷洒1次3～5波美度石硫合剂，可有效铲除越冬病源。葡萄发芽后初发病时，喷洒0.2～0.5波美度石硫合剂或50%硫黄悬浮液300～400倍液、10%氟硅唑（福星）2 000～2 500倍液、40%粉锈宁3 000倍液，每隔7～10天喷1次，共喷2～3次。此外，无上述农药时，喷洒0.5%的食用碱面水溶液也有控制病害发生的作用。

6. 葡萄根癌病

（1）症状　葡萄根癌病是一种细菌性病害，发生在葡萄的根、根颈和老蔓上，发病部位形成不规则的瘤状物，初发时稍带绿色和乳白色，质地较软，随着瘤体的长大，逐渐变为深褐色，质地变硬，表面粗糙，瘤的大小不一，有的数十个瘤簇生成大瘤。老熟病瘤表面龟裂，在阴雨潮湿天气易腐烂脱落，并有腥臭味。受害植株树势衰弱，严重时植株干枯死亡。

（2）发生规律　根癌病为细菌性病害，病菌随植株病残体在土壤中越冬，条件适宜时，通过各种伤口侵入植株，雨水和灌溉水是该病的主要传播媒介，苗木带菌是该病远距离传播的主要方式。细菌侵入后，刺激植物组织周围细胞加速分裂，形成瘤状体。一般5月下旬开始发病，6月下旬至8月为发病的高峰期，9月以后很少形成新瘤。温度适宜，降雨多，湿度大，癌瘤的发生量也大。田间管理不良、土质黏重、地下水位高、排水不良、树势衰弱及冻害等都能助长病菌侵入，尤其是埋土防寒时造成根颈部伤害和冬春季的冻害往往是葡萄感染根癌病的重要诱因。

品种间抗病性有所差异，红地球、玫瑰香、巨峰等高度感病，而龙眼、康太等品种抗病性较强。

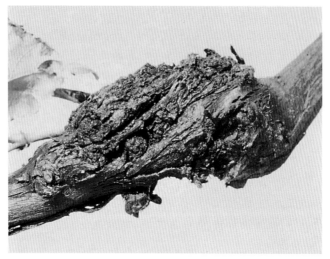

根癌病

（3）防治方法　①繁育无病苗木是预防根癌病发生的主要途径。一定要选择未发生过根癌病的地块做苗圃，杜绝在患病园中采取插条或接穗。在苗圃或初定植园中，发现病苗应立即拔除并挖净残根集中烧毁，同时用20%噻菌铜500倍液或1%硫酸铜溶液消毒土壤。②苗木消毒处理。在苗木或砧木起苗后或定植前将嫁接口以下部分用1%硫酸铜溶液浸泡5分钟，再放于2%石灰水中浸1分钟，或用3%次氯酸钠浸3分钟，以杀死附着在根部的病菌。③在田间发现病株时，可先将癌瘤切除，然后涂抹石硫合剂渣液、福美双等药液，也可用菌毒清50倍液或硫酸铜100倍液消毒后再涂波尔多液，药剂处理对此病有较好的防治效果。④田间灌溉时合理安排病区和无病区的排灌水的流向，以防病菌传播。⑤生物防治。用MI_{15}或E_{26}农杆菌素，能有效地保护葡萄伤口不受到病菌的侵染。其使用方法是将葡萄插条或幼苗浸入农杆菌素稀释液中30分钟或喷雾即可。

7. 葡萄穗轴褐枯病　该病是巨峰及红地球等葡萄品种上的一种主要病害，巨峰系品种尤为严重。

（1）症状　葡萄穗轴褐枯病主要发生在葡萄幼穗的穗轴上，果粒发病较少，穗轴老化后一般不易发病。发病初期，幼果穗的分枝穗轴上产生褐色的水渍状小斑点，并迅速向四周扩展，使整个分枝穗轴变褐枯死，不久失水干枯，变为黑褐色，果穗随之萎缩脱落。发病后期干枯的分枝穗轴往往从分枝处被风吹断、脱落。幼果粒发病，形成圆形的深褐色至黑色小斑点，随果粒长大，病斑变成疮痂状；当果粒长到中等大小时，病痂脱落，对果实发育无明显影响。

穗轴褐枯病

（2）发生规律　本病主要发生在开花期前后，当果粒长到黄豆粒大小时，病害则停止发展蔓延。开花期低温多雨、穗轴幼嫩时，病菌容易侵染。葡萄品种间发病程度差异明显，巨峰系品种发病最重，其次为红地球、白香蕉、新玫瑰等，而玫瑰香几乎不发病。地势低洼、管理不善的果园以及老弱树发病重，管理精细、地势较高的果园及幼树发病较轻。

（3）防治方法　除加强葡萄园常规病虫防治技术外，重点是在花序分离期和花后1周各喷1次50%多菌灵可湿性粉剂800倍液或50%甲基硫菌灵800倍液、阿米西达1 500倍液+翠康钙宝1 000倍液，均有良好的防治效果。但在花前、花后一定要注意交叉用药，不能用同一种农药。

8.葡萄灰霉病　灰霉病是设施栽培中和气候潮湿时以及葡萄采后贮藏中常发的主要病害。

（1）症状　葡萄灰霉病有潜伏侵染的特性。葡萄花序、幼果、成熟的果实最易感染发病。花序、幼果感病后先形成淡褐色水渍状斑点，后扩展造成花序萎缩、干枯和脱落。果实感病后首先产生褐色凹陷病斑，后随病菌扩展而在病斑上形成绒毛状鼠灰色霉层。在贮藏期灰霉病也常严重发生。

灰霉病

（2）发病规律　灰霉病可侵染多种植物，葡萄品种间抗病性差异较大，红地球、雷司令等品种极易感病，而无核白、赤霞珠等品种较抗灰霉病。设施中由于湿度大也极易发病。病菌以分生孢子在残存组织上越冬，第二年春靠风雨传布，病菌侵入后一般为潜伏状态，而到开花前后、果实成熟前及贮藏中易突然发病，潮湿的环境中病菌扩展很快。

（3）防治方法　①彻底清园，萌芽前喷布铲除剂灭除各种植物残体上的越冬菌源。②加强管理，增强葡萄园通风透光，发病初期及时剪除烧毁病穗病果，减少再次侵染。③开花前后及果穗套袋前用阿米西达1 500倍液+卉友3 000～4 000倍液、50%多菌灵可湿性粉剂600～800倍液、山德生800～1 000倍液、70%甲基硫菌灵800倍液、50%多菌灵可湿性粉剂400～500倍液、50%扑海因1 600倍液浸蘸花序、果穗。初发病时及时去除病粒并立即喷布40%施佳乐（嘧霉胺）1 000～1 500倍液、50%嘧菌环胺800～1 000倍液、50%速克灵1 000倍液，有良好的防治效果。同时注意交叉用药，防止病菌产生抗药性。设施栽培中应尽量采用粉尘剂和烟雾剂。④果实贮藏入库前用45%特克多（噻菌灵）500倍液喷淋或浸蘸果穗，晾干后再入库贮藏。

9.葡萄溃疡病　葡萄溃疡病是近年来在我国新鉴定出的一个对葡萄生产影响很大的病害。

（1）症状　葡萄溃疡病在国外主要侵染葡萄枝蔓，但在我国还严重为害葡萄果穗，果穗出现病状在果实上色期，开始时首先在穗轴上呈现黑褐色病斑，随后穗轴干枯，果粒干缩，但不脱落。枝条分枝处也常形成白褐色病斑。

溃疡病

（2）发病规律　葡萄溃疡病病菌在发病的果穗、枝叶上越冬，第二年春夏随风雨传播，果实产量过高、树势衰弱、植物生长调节剂应用不当时发病严重。

（3）防治方法　当前对葡萄溃疡病防治研究正在深入进行，其主要防治方法是：①认真清园，彻底剪除烧毁病穗、病枝，消灭越冬菌源。②加强管理，增强树势，严格控制产量，合理使用植物生长调节剂。③套袋前用50%多菌灵600倍液或70%甲基硫菌灵800倍液认真浸穗，尤其是穗轴部分，对剪除病穗、病枝后的剪口，立即用70%甲基硫菌灵800倍液消毒。

三、葡萄主要虫害及其防治

1. 绿盲蝽

（1）为害状　绿盲蝽为害多种果树，是春季较早发生的葡萄害虫。其若虫和成虫刺吸幼叶和花序，受害处形成针头大小的红褐色坏死点，以后随着叶片生长而成为大小不规则的孔洞，造成叶片皱缩萎曲。花蕾、花梗受害后常常脱落。

绿盲蝽为害状

（2）生活习性　华北地区一年发生3～4代，以卵在残枝及周围其他果树上越冬，4月中旬越冬卵孵化即开始为害葡萄幼芽、幼叶，成虫个体较小，较难发现，近年来，绿盲蝽为害日益严重，5月中下旬后绿盲蝽即转到其他果树上进行为害，10月上中旬成虫产卵越冬。

（3）防治方法　①认真清园，消灭越冬虫源。②葡萄芽鳞绽开后立即喷布阿里卡1 000～1 500倍液或70%吸刀吡虫啉水分散粒剂8 000～10 000倍液、48%毒死蜱乳油1 000～1 500倍液、5%氟虫腈悬浮剂2 000～3 000倍液。③注意保护天敌，如草蛉、黑卵蜂、姬猎蝽等。

2. 葡萄斑叶蝉　又名葡萄二星叶蝉、二星浮尘子。

（1）为害状　寄主植物有葡萄、苹果、梨、桃、樱桃、山楂、桑等。成虫和若虫刺吸叶片汁液，被害叶呈现失绿小点，严重时叶色苍白，提早脱落。夏季高温干旱时发生尤为严重。

（2）生活习性　以成虫在枯叶、灌木丛等隐蔽处越冬。成虫最早于4月上旬开始活动，先为害发芽早的果树，待葡萄展叶后即开始为害葡萄叶片。第二、三代成虫分别发生于6月下旬至7月和8月下旬，10月下旬以后成虫陆续开始越冬。

斑叶蝉

（3）防治方法　①合理修剪，注意通风透光，清除杂草和杂生灌木，减少成虫越冬场所。②药剂防治。在春季成虫出蛰尚未产卵和5月中下旬第一代若虫发生期进行喷药防治。常用的药剂品种有50%敌敌畏乳剂2 000倍液、25%辛硫磷乳剂3 000倍液、25%阿克泰6 000倍液，均可有效地杀灭成虫、若虫和卵，且对人畜较为安全。③为保护天敌寄生蜂，葡萄园药剂防治应集中在前期进行，生长后期尽量少用广谱性农药，以保护天敌。

3.葡萄瘿螨　又名葡萄锈壁虱、葡萄毛毡病。

（1）为害状　各地发生普遍，主要为害葡萄幼叶。成、若螨在叶背刺吸汁液，初期被害处呈现不规则的失绿斑块，叶表面形成斑块状隆起，叶背面产生灰白色绒毛。后期斑块逐渐变成锈褐色，被害叶皱缩变硬、枯焦。毛毡病在高温干旱的气候条件下发生更为严重。

瘿螨为害状

（2）生活习性　以成螨潜藏在枝条芽鳞内越冬，春季随芽的开放，成螨爬出并侵入新芽、幼叶为害，不断繁殖扩散。近距离传播主要靠爬行和风、雨、昆虫携带，远距离主要随着苗木和接穗的调运而传播。

（3）防治方法　①早春葡萄发芽前、芽膨大时，喷3～5波美度石硫合剂，杀灭潜伏在芽鳞内的越冬成螨即可基本控制为害；严重时发芽后还可再喷1次SK矿物油200倍液。②葡萄生长初期，发现被害叶片立即摘除烧毁，以免继续蔓延。③对螨害发生区内可能带螨的苗木、插条等在向外地调运时，可采用温汤消毒，即把插条或苗木的地上部分先用30～40℃热水浸泡3～5分钟，再移入50℃热水中浸泡5～7分钟，即可杀死潜伏的成螨。

4. 葡萄透翅蛾

（1）为害状　各地均有分布，庭院植栽时更为严重。幼虫蛀食葡萄枝蔓髓部，被害部明显肿大，并致使上部叶片发黄、果实脱落，被蛀食的茎蔓容易折断枯死。

（2）生活习性　每年发生1代，以老熟幼虫在葡萄蔓内越冬。翌年4～5月化蛹，蛹期约1个月，6～7月羽化为成虫，产卵于当年生枝条的叶腋、嫩茎、叶柄及叶脉等处，卵期约10天。初孵化的幼虫自新梢叶柄基部的茎节处蛀入嫩茎内，幼虫在髓部向下蛀食，将虫粪排出堆于蛀孔附近。嫩枝被害处显著膨大，上部叶片枯黄，当嫩茎被食空后，幼虫又转至较粗的枝蔓中为害，一年内可转移1～2次。幼虫为害至9～10月，然后老熟，并用木屑将蛀道上部堵塞，在其中越冬。越冬后幼虫在距蛀道底部约2.5厘米处蛀一羽化孔，并吐丝封闭孔口，在其中筑蛹室化蛹，成虫羽化时常将蛹壳带出一半露在孔外。

成虫夜间活动，白天潜伏在叶背面和草丛中，飞翔力强，有趋光性。

（3）防治方法　①结合冬季修剪剪除被害枝蔓，及时烧毁。②发生严重地区，可进行药剂防治，于成虫期和幼虫孵化期喷布

10％高效氟氯氰菊酯水乳剂4 000倍液或5％甲维盐水分散粒剂10 000～15 000倍液，并可用黑光灯诱杀成虫。③6～8月幼虫为害期，经常检查枝蔓，发现有肿胀和有虫粪的被害枝条，及时剪除烧毁。对主蔓和大枝可采用细铁丝穿入刺杀，也可用50％敌敌畏乳剂500倍液或50％杀螟松乳剂1 000倍液用针管由蛀孔注入，并用黄泥将蛀孔封闭，熏杀幼虫。

透翅蛾幼虫及为害状

5. 斑衣蜡蝉

（1）为害状　各地普遍发生，最喜食葡萄、臭椿和苦楝。成、若虫刺吸嫩叶和枝干汁液，排泄液粘附于枝叶和果实上，引起煤污病而使表面变黑，影响光合作用，降低果品质量。

（2）生活习性　每年发生1代，以卵块在葡萄枝蔓及柱架上越冬，越冬卵一般于4月中旬开始孵化，若虫期约60天，6月中下旬出现成虫，8月中下旬交尾产卵，成虫寿命长达4个月，10月下旬逐渐死亡。成、若虫都有群集性，常在嫩叶背面为害，弹跳力强，受惊即跃飞逃避。卵多产于枝蔓和架杆的阴面。

斑衣蜡蝉成虫

（3）防治方法　①结合冬季修剪，在枝蔓及架桩上搜寻卵块压碎杀灭。②若虫和成虫期可喷布10%吡虫啉2 000倍液或20%氰戊菊酯1 500～2 000倍液。③建园时应远离臭椿和苦楝等杂木林。

四、葡萄生理病害

葡萄生理病害是指因栽培和生理性原因形成的一些生长结果异常的症状。近年来，由于新品种的不断增加和栽培技术的参差不齐，各种不同的生理病害有逐年加重的趋势，防治葡萄生理病害已成为当前葡萄生产上一项重要任务。

1. 葡萄水罐子病　葡萄水罐子病也称转色病，东北称水红粒。是葡萄上常见的生理病害，尤其在玫瑰香、红地球等品种上尤为严重。

（1）病症　水罐子病主要表现在果粒上，一般在果粒着色以后才表现症状。发病后有色品种明显表现出着色不正常，色泽淡；而白色品种表现为果粒呈水泡状，病果糖度降低，味酸，果肉变软，果肉与果皮极易分离，果实成为一包酸水，用手轻捏，水滴成串溢出，故有水罐子之称。发病后果柄与果粒处易产生离层，

水罐子病

极易脱落。病因主要是营养不足和生理失调。

（2）发病规律　一般在树势弱、负载量过多、肥料不足和有效叶面积小时，该病害容易发生；地下水位高或成熟期遇雨，尤其是高温后遇雨，田间湿度大时，此病尤为严重。

（3）防治措施　①加强土肥水的管理，增施有机肥料和根外喷施磷、钾肥，适时适量施用氮肥，保持土壤疏松。②控制负载量，合理确定单株结果实量，增加叶果比。③保护主梢叶片，主梢叶片是果实所需养分的主要来源，尤其是在留二次果的情况下，二次果常与一次果争夺养分，由于养分不足常常导致水罐子病发生。因此，在发病植株上，要控制二次果，主梢多留叶片。另外，一个果枝上留两个果穗时，其下部果穗转色病比率较高，在这种情况下，采用适当疏穗、一枝留一穗的办法减少病害的发生。

2.日灼病　日灼病又称缩果病、气灼病、日烧病，是高温、缺钙、水分失调引起的生理病害。

（1）病症　日灼病主要发生在果穗的肩部和果穗向阳面上，而缩果病多发生在非向阳部位，但两者症状有相似之处，果实受害后，果面先形成水渍状或烫伤状淡褐色斑，然后形成褐色干疤，微凹陷。受害处易遭受其他病菌（如炭疽病菌等）的侵染。

（2）发生规律　葡萄果实日灼病的发生是由于高温水分失调及缺乏钙素营养加之果穗缺少荫蔽，在烈日暴晒和高温（>33℃）

影响下，果粒表面局部受高温失水，产生生理伤害所致。品种间发病的轻重程度有所不同，巨峰、藤稔、红地球等粒大、皮薄的品种发生较重，篱架栽培时病情明显重于棚架。

日灼病

（3）防治措施　对易发生日灼病的品种，幼果期要喷施翠康钙宝（EDTACa 160克/升）2 000倍液2～3次。夏季修剪时，在果穗附近多留叶片以遮盖果穗，同时要注意调节土壤水分，适时进行果穗修穗和套袋，避开高温时节，以防加重日烧，同时要注意果袋的透气性。生产上要注意尽量保留遮蔽果穗的叶片。

另外，在气候干旱、日照强烈和通风不良的地方，应改篱架栽培为棚架栽培，预防日灼的发生。

3. 葡萄黄化病　引起葡萄叶片黄化的原因很多，其主要原因是因土壤偏碱性而引起的缺铁性黄化。

（1）病症　黄化病主要表现在幼叶、幼枝、花序和幼果上，初发生时叶肉变黄，叶脉仍为绿色，严重时整个叶片、新梢和花序呈黄白色，造成叶片坏死，花序脱落，对生长结果影响很大。

缺铁性黄化病

（2）发生规律　缺铁性黄化病主要发生在土壤呈碱性的地区，欧美杂交种品种和采用贝达砧时，对土壤缺铁更为敏感，更易发生黄化症状。缺铁性黄化病一般均从枝条上部新生长的幼嫩部分开始发生，往往发病后枝条下部老叶仍保持绿色，这是缺铁性黄化与其他黄化病的主要区别特点。

（3）防治措施　①改良土壤，增施有机肥和硫酸亚铁，矫正土壤偏碱、缺铁的状况。用沃益多生物菌种激活后冲施土壤（进行灌根）。②萌芽前在易发生黄化的地区葡萄植株两边开沟，成龄树每株用0.2千克硫酸亚铁与有机肥混合施入。③在植株叶片刚一出现黄化症状时，立即叶片喷施2～3次顶绿或0.4%～0.5%的硫酸亚铁或柠檬酸铁药液，并加入0.3%的磷酸二氢钾和0.1%的食醋，防治效果更好。

4. 葡萄大小粒

（1）症状　葡萄大小粒的形成，除了授粉受精不良以外，缺锌是造成果粒大小不整齐、果实不发育、形成豆粒的主要原因，缺锌时叶片生长不良，叶片小而薄，节间短。

（2）防治措施　①不同葡萄品种对锌的敏感程度不同，无核白、乍娜、玫瑰香、佳利酿、红地球等品种对锌的需求量较大。②碱性土、沙壤土容易形成锌的流失，要注意增施有机肥。③根外追施锌肥，开花前至幼果生长期喷施0.1%～0.3%的硫酸锌。④树干喷锌能提高植株锌的吸收量，方法是用10%的硫酸锌溶液进行枝干喷涂。

5.葡萄落花落果

（1）症状　落花落果是巨峰系葡萄品种一个突出的问题，当坐果率小于11%的时候，果穗上果粒稀稀拉拉，严重影响果品质量。

原因：形成落花落果的原因很复杂，内因是遗传因素，外因是管理不善或开花时气候条件不良。

（2）防治措施　①选用不易落花落果的品种，注意授粉组合。②采用综合农业技术措施（合理负载、花前摘心、花期喷硼、环剥、控制水肥等）。促进树势正常健壮。③合理使用植物生长调节剂（赤霉素、乙烯利、矮壮素、调节膦等）。④注意气候变化，采取对应的措施，保证授粉受精正常进行。

大小粒

落花落果

6.葡萄酸腐病

（1）症状　酸腐病是一种二次侵染造成的病害，即先由各种原因造成果实伤口，然后果蝇滋生带入醋酸菌和其他细菌造成果粒腐烂，并溢流酸败的果汁。

酸腐病

（2）防治措施　①加强综合防治，均衡土壤水分供应，防止裂果和伤口发生。②适时进行套袋，保护果面免受损伤。③果穗封穗始期，每隔10天左右喷1次喹啉铜1 500倍液，或必备2 000倍加歼灭3 000倍混合药液。④加强检查，发现染病果粒，及时清除并喷药保护或另行套袋。

第十章　葡萄设施栽培

设施栽培是指利用人为建造的设施，形成特定的生长环境，从而达到提早或推迟葡萄萌芽和成熟采收时期的目的，扩展延长葡萄鲜果上市供应时间，满足市场需求，抵御各种自然灾害，提高葡萄栽培的经济效益。葡萄设施栽培因栽培的目的不同，可分为促成栽培、延迟栽培、避雨栽培和防雹栽培等几大类，生产上应用最广泛的是促成栽培，即通过设施提早葡萄的成熟采收期。除促成栽培外，在气候较冷的北方地区还可发展葡萄延迟栽培，使葡萄采收推迟到12月至翌年1月。同时，在生长季降雨较多的地区，还应积极推行设施避雨栽培。

一、设施栽培的类型

当前用于葡萄设施栽培的设施种类主要分为两种：

（一）塑料大棚

塑料大棚是用竹木或钢架结构形成棚架骨干结构，覆盖塑料薄膜而成大棚，一般每个大棚占地667米^{2}左右，可单独建棚，也可多个大棚联结成连栋大棚。

塑料大棚建造较为方便，棚内空间较大，光照条件较好，人工操作较为方便。但塑料大棚保温效果较差，因此，在提早植株生长发育和果实成熟期上效果不十分显著，一般仅能提早10～15天。而用大棚进行避雨栽培有明显的防雨效果。

大 棚

连栋大棚

（二）塑料薄膜覆盖温室

这是由原来用玻璃覆盖的日光温室发展改良而来，由于温室北、东、西三面有砖墙结构形成的宽厚墙体，南面向阳面覆盖塑料薄膜，所以接受日光能较为充分，而且便于进行草帘覆盖，保温性能较好，是进行葡萄促成栽培和延迟栽培应用的主要设施类型。

塑料日光温室根据加温方式可分为日光温室和人工加温温室两种。

1.人工加温温室　采用各种加温设备为温室加温，促进设施内温度增高，从而进一步提早葡萄成熟采收时间。常用的加温方式分为空气加温和土壤加温，空气加温是设施内增设火炉、火道或用输送暖气的方法增加设施内气温，这是最常用的温室加温方法。土壤加温是在温室土层下铺设送热管道，采用专用的锅炉或热源输送热水、热气给土表层加温，这种加温方式效果较好，但建造成本较高。

土墙结构温室

2.日光温室　靠日光能加温，这种温室节省能源，成本较低，适合广大农村推广应用。为了最大限度地接受日光能和保存热量，要注意设施结构的设计及棚膜与保温材料的选择。

砖墙结构温室

二、设施栽培品种选择

在设施栽培中，一定要选择适应设施内生态条件、在设施内能正常生长和结果的品种。另外，设施栽培投资大，成本高，相应要求有较高的生产收益，因此设施中栽培品种的果实外观要艳丽，品质要优良，这样才能有较高的商品价值和良好的经济收益。

根据多年研究结果，以下品种可作为当前设施栽培的主要品种（表5），供各地参考。

表5 适宜于设施栽培的葡萄品种

类　　型	品种	果粒大小	色泽	主要特点
早熟促成栽培	夏黑	中	黑	无核、早熟、需激素处理
	火焰无核	中	鲜红	无核、丰产、需激素处理
	黑巴拉多	中	紫红	早熟、丰产、容易管理
	维多利亚	中	碧绿	早熟、穗形美观
	阳光玫瑰	大	黄绿	穗形美观、具玫瑰香味、挂树时间长
	乍娜	中	鲜红	极早熟、丰产、优质，注意防裂果
延迟栽培	意大利亚	大	黄绿	品质优良
	红地球	大	红	大穗大粒
	秋黑	大	黑	耐延迟采收
	克瑞森无核	中	艳红	无核、品质优良、耐延迟采收
	温克	大	红	穗粒美观、丰产

三、设施栽培葡萄的栽植方式

（一）设施葡萄的架式

设施内常用的是篱架和棚架两种架式。设施内葡萄一般不需下架防寒，因此栽植架式主要依设施结构类型和栽培品种而定。篱架可以密植，适于生长势中庸的品种和跨度较小的塑料大棚中应用；棚架架面平坦，通风透光好，枝蔓生长缓和，但占水平空间较大，适于生长势强旺的品种和在跨度大的设施中采用。

设施内葡萄行向因架式而定，篱架栽培应采用南北行向，棚架栽培宜东西行向为好。篱架的行距一般为 2 ～ 2.5 米。棚架的行距，如果在大棚内栽植，一般在大棚两边设行，使枝蔓对爬；在日光温室中应用最多的是靠南面一行为棚架，枝条向北延伸，而北面一排为篱架，枝条向上延伸，南北两行间距约 5 米，这样能充分利用设施内的空间。

（二）设施葡萄整形修剪

1. **篱架整形**　保护地内的篱架形式以单篱架和 V 形架为主，其葡萄整形多为改良的少主蔓扇形和 V 形整形。整形方法与露地栽培相似，但因株距较小，因此修剪留枝量和剪留长度均较小。采用南北行篱架整形的设施内，可采用单臂水平式整形，也称"单臂一边倒式"整形，即行距 2.5 米，株距 1.0 ～ 1.5 米。定植当年每株选留一条新梢培养作为结果母枝，按单臂水平整形方式进行引缚、摘心和副梢处理。秋末修剪时，先将一年生梢（即结果母枝）呈水平状引缚于第一道铁丝，每株均向一个方向延伸，然后在两株交接处剪截。第二年春在结果母枝水平方向每相距约 20 厘米选一个壮梢，新梢往上引缚或向两边引缚形成 V 形叶幕，使其成为结果枝或营养枝，结果母枝上长出的各个新梢均引缚到篱架的第二道和第三道铁丝上，并注意培养预备枝，对预备枝上的花序全部疏除，并及时进行摘心促壮，第二年秋末修剪时，对已结过果的枝条全部剪除，而用预备枝作为第二年的结果母枝，以后各年依此反复进行。

温室葡萄倾斜单臂整形

枝蔓Ⅴ形绑束

2. **棚架整形**　在温室或大棚的栽植行中每隔3米左右立一根支柱，顶端设置横杆，温室北墙内相应也立一行支柱和横杆，每行支柱上拉上铁丝，在横杆上和与其平行方向每隔0.5米再加拉一道铁丝，组成水平棚架面。棚架的架面距棚顶至少要留有0.5米的空间，使枝叶与棚膜有一定距离。棚架整形常用龙干形，东西行向，葡萄在温室南边栽植一行，株距0.75米左右，温室跨度大时，北边也可对栽一行，株距仍为0.75米左右，定植当年每株选留1个健壮的新梢作主蔓，先引缚至篱架面上，随着延伸生长，爬上棚架面，延长枝长度达1米左右时摘心，顶芽继续延伸，主蔓上保留3～4个副梢，副梢留5～6片叶反复摘心，冬剪时留2～3节修剪。第二年春季萌发后，主蔓基部距地表60厘米以下的芽及早抹去，形成通风透光带，主蔓最前端选留1壮条作延长梢，而在主蔓上每隔20厘米留一个新梢，并及时摘心促壮，培养成"龙爪"（结果单位），第三年春萌发后，主蔓继续延伸，在每一个龙爪上保留1～2个结果枝和一个预备枝，其他多余芽全部抹除，从而在主蔓上每间隔20厘米左右形成一个固定的枝组（龙爪），成为龙头、龙身、龙爪分工明确的龙干形，以后各年均按枝组进行修剪。

温室内龙干整形短梢修剪

温室内葡萄结果状

四、设施栽培管理要点

（一）设施内温度的控制

1. 休眠期　葡萄在秋季温度低于10℃时叶片黄化、落叶并进入休眠期，落叶后设施内应保持一个低于7.2℃的低温阶段，使葡萄经过低温锻炼，完成正常休眠。一般各地设施栽培可在立冬后即进行扣棚，并及时覆盖草帘，防止日照升温，1月上旬前后再开始揭帘升温。

2. 发芽前后　葡萄从解除休眠到芽萌发需要≥10℃有效积温为450～500℃。因此，从1月上旬开始揭帘升温，经过30天左右葡萄即开始萌芽。萌芽后，设施内白天应保持在20～25℃，夜间12～15℃，以后白天逐渐提高到25℃，夜间保持在15～18℃。注意这一阶段升温不能太快、温度不能太高，否则容易引起幼枝徒长和花芽退化。

3. 萌芽到开花　这一时期葡萄新梢生长迅速，同时花器继续分化。为使新梢生长茁壮，不徒长，花器分化充分，此期要实行控温管理，防止温度过高，白天保持在25～28℃，夜间15℃左右。开花时，白天提高到28℃，夜间保持在18～20℃。同时也应注意，这一阶段外界温度仍较低，必须加强设施管理，防止冷风寒气对萌芽和开花造成不良的影响。

4.坐果以后 葡萄坐果后，白天保持在25～28℃，晚间维持在20℃左右，一定要注意防止白天超温（>30℃）现象，当设施内达到28℃温度时，就要及时放风降温，夜间温度过高时，可揭开部分薄膜透风，适当降低夜间温度，增大日温差有利于果实内糖分积累。

5.采收后，当外界露地日平均气温稳定在20℃以上时，应逐渐揭去覆盖的薄膜塑料，使葡萄在露地气温下自然发育。

6.设施内冬春季保温措施

（1）在设施（温室、大棚）的外围挖防寒沟，沟宽60厘米，沟深60～70厘米，沟内填保温物（如聚苯板、干草、树叶等），上面盖土。

（2）棚膜上及时覆盖保温材料（如无纺布、牛皮纸帘、草帘、棉毯、毛毡等）。

（3）温室北墙外拥土防寒。

大棚内多膜覆盖

（4）在设施地面覆盖防寒物（如稻草、新鲜马粪和地膜等）。

（5）设施内设双层农膜（防寒帐、二道幕）。

温室内设防寒帐

7.设施内温度调节　春季日照增强以后，设施内温度迅速上升，这时必须注意换气降温。

温室和大棚较为密闭，春季白天设施内温度可迅速上升至38℃以上，夏季可达45℃以上。瞬时高温常常灼伤叶片和幼果，因此，设施栽培必须注意人工降温。

设施内降温的方法很多，最常用的是开启通气窗，自然换气降温。这个方法可同时达到降低湿度、排出湿气和补充二氧化碳气体等目的。

通气窗的位置和大小，对换气降温的效果影响很大。一般在温室和大棚迎风面的中部设置"地窗"，让冷气随风压进入室内。在棚膜的中上部设置"天窗"，使热空气随室外气流自然溢出。气窗面积占棚膜面积的1/6～1/10较为适合。

除了设置通风窗外，也可采用揭提棚膜的办法促进通风降温。

温室放风降温

（二）设施内光照调节

葡萄是喜光作物，在设施栽培中，阳光是重要的光源和热源，最大限度地接受和保存光与热是设施栽培上第一位重要的任务。葡萄设施内光照除了采用合理采光结构设计外，还应特别注意以下措施：

温室内墙体涂白改善光照状况

利用生物钠灯补光

（1）选用透光良好的无滴膜，设施棚膜形成水滴严重影响棚膜的透光性，在葡萄设施栽培中要推广使用高质量的多功能无滴膜。

（2）清扫棚膜，每天揭草帘后用毛掸自上而下清理一次棚膜，扫去尘土和杂物。

（3）墙体刷白，挂反光膜，铺设地膜，增加设施内的反射光和散射光。

（4）阴天补光，北方地区每年春季都有连绵的阴雨天气，这时正是设施内葡萄枝叶旺盛生长阶段，一些地方因追求保温而不揭草帘。实际上，此时光照不足更是一个重要的问题。因此，即使春季外界温度较低，也要在晴天的中午和下午适当的短时间揭开草帘和覆盖物补充光照，否则对葡萄生长有不利的影响。

（5）设置温室专用补光灯，在有条件的温室中，可设置专用的温室生物钠灯或温室专用光源，在阴天进行补充光照。

（三）设施内空气湿度和土壤水分的调控

设施内的空气相对湿度一般比露地高得多。高温多湿的生态环境，常引起葡萄新梢徒长，促进病菌滋长。必须合理调控设施内的湿度，防止病害发生。降低空气湿度的主要方法是通风，设施内要根据空气湿度变化情况经常通风换气，降低空气湿度。此外，设施内地面覆膜也能明显地降低空气湿度。

　　设施内土壤水分管理应与葡萄不同生育期的需要相适应。萌芽期需水量较多，在葡萄升温催芽开始后，要灌透水，保持设施内较高的湿度，促进萌芽。而在开花期则要保持空气相对干燥，停止灌水，地面覆膜，同时要经常通风换气，以降低空气相对湿度。坐果后，新梢和幼果生长均需充足的水分，这时可小水勤灌，一般每间隔10天灌一次水，保持10厘米以下土层湿润。果实开始着色成熟直至采收前，一般停止灌水，控制土壤水分，降低空气湿度，提高浆果含糖量，促进上色成熟。落叶修剪后，结合施肥一定要充分灌一次越冬水，这次灌溉可以淋溶积聚在土壤表层的盐分，防止设施内土壤次生盐渍化。

　　为了防止设施内湿度过大，灌溉时应采用膜下滴灌或树盘内覆膜膜下渗灌的方法，控制设施内的空气湿度。

及时通风降低湿度

（四）设施内气体成分调节

1. 二氧化碳的补充　设施中晚间由于葡萄叶片呼吸，二氧化碳含量一般均较高，但在白天由于光合作用的消耗，二氧化碳的浓度急剧降低，以至影响到光合作用的正常进行。因此设施中补充二氧化碳是一项十分重要的工作，补充二氧化碳的方法除了增施有机肥和定期通风外，最常用的是在设施中施用二氧化碳气体肥料，这可利用二氧化碳发生器和固态二氧化碳，另外在农村中还常用稀硫酸加碳酸氢铵的方法来生成二氧化碳，增加设施中二氧化碳的含量。

2. 有害气体的消除　设施中空间密闭，所以塑料薄膜中的氯气和有机物、化肥等分解形成的二氧化氮、一氧化碳、氨气等含量常常超过正常含量的范围，甚至使叶片和果实遭受伤害，设施中消除有害气体的方法除了合理选用适合的塑料薄膜和肥料种类外，加强通风换气是最常用的方法。

树盘内摆置固体气肥块

（五）破眠剂应用

葡萄冬季休眠时需要800～1 200小时低于7.2℃的低温阶段（也称需寒量），冬芽才能完成休眠，从而正常萌芽和开花。但在设施中，尤其是促成栽培中，由于扣膜较早，常常不能满足葡萄正常休眠所需要的需寒量，从而造成休眠不足，形成萌芽、开花和坐果不正常。为了使设施中葡萄提前萌芽并正常开花结果，需要采用人为措施打破休眠、促进萌芽。打破休眠最常用的措施是利用"破眠剂"，生产上应用最为有效的破眠剂是20%的石灰氮或1.5%的单氰胺溶液，在设施葡萄萌芽前25～30天，将其药液人工涂抹在枝条的冬芽上（注意枝条顶端的一个芽不涂），即可有效地代替低温打破休眠，正常萌芽。使用破眠剂时要注意，药物浓度和使用时间要合适，同时不要和碱性农药混用，以防影响正常的破眠效果。

用石灰氮处理发芽整齐

未用石灰氮处理仅枝条先端发芽

五、设施避雨栽培

葡萄避雨栽培是葡萄栽培中一种新的形式。它是在夏、秋季葡萄生长期雨水过多的地区,在葡萄架杆、枝蔓上部增设塑料薄膜防雨棚,使雨水不能直接落在枝、叶、花、果上,减少或避免了雨水对葡萄的影响,改变了植株生长期葡萄叶幕层周围的小气候,从而保证了葡萄健壮生长的一种特殊栽培方式。

我国华北、华中和西北东部大部分葡萄产区均处于东亚季风区控制范围内,每年葡萄成熟前(7、8、9月)正值降雨集中时期,雨热同季,连绵的阴雨是导致葡萄病虫滋生和葡萄品质、产量降低的主要原因,因此,这些地区发展葡萄生产应该实行避雨栽培。

避雨栽培主要有单行单棚和多行大棚两种形式。

1. 单行单棚 一般用长度为3.0～3.1米的水泥桩柱,地下埋入50～60厘米,地上部2.5～2.6米,在距葡萄杆顶端60厘米处先固定一个长1.2～1.5米的横杆,横杆可用木杆、竹竿或钢材(6厘米×6厘米角铁)均可,但以钢材作横杆牢固性最好。然后再在第一道横杆下方50厘米处固定长度80～100厘米的第二道横杆,横杆边10厘米处和距地面90～100厘米处按行向各拉一道镀锌钢丝，共5道钢丝。最后在最上一个横杆两端通过架杆顶端再用竹片或6号钢筋盘连成一个拱形框架。整个拱形框架也可制作成一个整体并与架杆固定在一起。相邻的拱架可用分布在拱形架框上的5条8～10号铁丝或钢丝相互连接，在整个拱架上形成一个拱形铁丝架框，上面铺设防雨塑料薄膜。

避雨栽培

避雨大棚

若用原来的篱壁架改制时，可在原架杆上端向上再绑接固定一个高40～50厘米的立杆，同时再分别设置横杆和钢丝，最后覆膜形成避雨棚。

2．多行避雨大棚　采用跨度6～8米，高度3米，肩高1.8米的钢架或竹木架大棚，或相应大小的塑料大棚去除周围的围膜来作为避雨棚，也可不去除围膜进行避雨促成栽培。大棚内种植2～3行葡萄，大棚可以是单栋，也可以是多棚连接在一起的连栋大棚。

一个地区采用何种避雨栽培方式，要因地制宜，但一定要注意，避雨棚不能过低，尤其是覆盖棚膜后，棚膜距叶幕层的距离应保持在50厘米以上，以防避雨棚内通风不良和造成夏季高温伤害。

第十一章　葡萄采收与保鲜贮藏

一、葡萄采收

葡萄采收是葡萄园管理中一项重要工作，适时、合理的采收能保证葡萄质量，确保丰产、丰收。当前，一些地区葡萄采收偏早，采收技术欠妥，以致影响到果实品质和销售效益的提高，应引起各地的高度重视。

（一）葡萄成熟期的分类

葡萄的成熟期分为开始成熟期、完全成熟期及过熟期。

1. 开始成熟期　有色品种开始成熟以果实开始上色为标志，无色品种以果实开始变软、呈现有弹性、色泽由绿色开始转为半透明状时为标志。必须指出，开始成熟期并不是食用采收期，这时果实内含糖量不高，而含酸量较高，不宜采摘食用。

2. 完全成熟期　有色品种果实充分呈现出该品种特有的色泽、风味和芳香；无色品种果实变软，近乎半透明，种子呈现棕褐色，品种的特征充分发挥，这时就达到了完全成熟。完全成熟期才是鲜食品种和酿造品种的最佳采收时期。

3. 过熟期　完熟期以后一般品种若不采收，这时果粒会因过熟而脱落或浆果开始萎缩。但有些品种如京亚、巨峰、秋黑等适当延迟采收有利于果实品质的提高。

生产上当葡萄品种的固有特征呈现以后（色泽、果香、风味）即可进行采收。对于鲜食早熟品种，为了提早供应市场，往往在保证充分成熟的前提下适当早采；对用于贮藏的晚熟品种则可适当延迟采收，这样糖分含量更高，更适于贮藏。

近来研究表明，果实生长期增施钾肥、磷肥和钙肥，能保护果肉细胞膜的完整性，抑制细胞呼吸，显著提高葡萄的品质和耐藏性，尤其是钙肥的施用水平和耐藏性关系更为密切。生产上多采用EDTA160克/升翠康钙宝溶液在幼果生长期和采收前1个月进行喷施，这样不但可以提高果肉的硬度，改进品质，而且可使葡萄贮藏期显著延长。

（二）葡萄的采收

1. 采收准备　采收前除正确决定采收时期外，还应根据销售需求做好采收计划，并及时准备好采收所需要的人力与设备。

采　收

2. 采收工具　葡萄采收工具主要是采收剪和果筐。果筐可用农村常用的柳条筐或塑料筐。为了防止挤压果穗，果筐不宜太深，每筐容量也不宜过大，一般以10～12.5千克为宜。若用竹木筐采收，内壁要用软布垫好，以防止刺伤果皮。

3.采收方法　①葡萄采收应在晴天的上午或下午进行；阴雨天、有露水或烈日暴晒的中午不宜采收。②采收时鲜食品种的果穗梗一般剪留3～4厘米，以便于提取和放置。但果穗梗不宜留得过长，防止刺伤别的果穗。③采收时要轻拿、轻放，对于已经破碎或受病虫为害的果穗、果粒应随手去除，对于运往外地销售的要及时包装。

装　箱

4.葡萄的分级　葡萄分级是葡萄商品化生产中一个重要环节，各个葡萄产区都制订有相应的葡萄分级标准。为了便于葡萄产区进行葡萄分级，我们拟定葡萄果实分级标准讨论稿（表6），供各地参考执行。

5.葡萄的包装　葡萄极不耐挤压，因此包装容器不宜过深、过大，一般多采用小型木箱或条筐包装，鲜食品种多用容量为2～5千克的纸箱小包装，箱内、筐内要垫好衬纸，葡萄果实进行单层摆放。

为了适应旅游的需要并便于销售，各地可根据当地具体情况，就地取材，用纸板、塑料、竹皮等制成各种具有地方特色的实用美观、容量为1～2千克的小包装。

表6　葡萄果实分级标准

品种	等级	果穗重（克）	穗粒形整齐度	上色整齐度(%)	果　粒			果梗	种子（个）
					重量（克）	含糖量（%）	含酸量（%）		
巨峰系品种	一级	470～550	整齐一致	着色度>98%	12～15	>18	≤0.6	新鲜翠绿	1～2
	二级	420～470			10～12	>17	≤0.7		2
	三级	<420	较整齐一致	着色度>95%	<10	>16	>0.7	新鲜	2～3
欧亚种品种	一级	450～600	整齐一致	着色度>98%	≥8	≥18	0.5～0.6	新鲜翠绿	1～2
	二级	350～550			≥6	≥17	0.6～0.7		1～2
	三级	<350	较整齐一致	着色度>95%	≥4.5	≥16	>0.7	新鲜	2～3
无核品种	一级	400～450	整齐一致	着色度>98%	≥4.5	≥18	0.4～0.5	新鲜翠绿	0
	二级	350～400			≥3	≥17	0.5～0.6		0
	三级	<350	较整齐一致	着色度>95%	≥2	≥16	>0.6	新鲜	0

注：1.果粒重量为未经植物生长调节剂处理的果粒重量。
　　2.个别品种规格标准按品种固有特点为准。

二、葡萄贮藏保鲜

现代化的葡萄贮藏多用冷藏，设备较为复杂，投资较大，而广大农村当前主要适合采用简易贮藏方法，如窖藏、缸藏及微型冷库等。

（一）窖藏

在地势较高、气温较低的陕北地区，可在山坡上建窖，窖内设置木制架格4～6层，每层上轻轻摆放1层葡萄果穗。窖藏管理的具体方法是：

（1）葡萄采后在阴凉处预冷2天，预冷温度必须控制在10℃以下，使其充分散发田间热。然后细心地将葡萄放于窖内的架格上。

（2）控制窖内温度、湿度。一般入窖的初期由于外界白天气温较高，可采用夜间通风的措施，使温度维持在10℃以下。入冬后，气温下降，可采用白天通风，夜间关闭的方法，始终保持窖内温度在0～1℃，相对湿度80%～90%的环境，湿度不足时可在地面喷水保湿。当外界温度降到0℃以下时，则应注意及时封闭窖门。

（3）加强检查，随时剔除发现的病穗烂粒。

预　冷

放置保鲜剂

（二）缸瓮贮藏

葡萄数量较少或庭院葡萄贮藏时可用此贮藏法，陕北一带常用家用的缸、瓮进行贮藏。贮藏前先将缸洗净，晾干，并用硫黄燃烧熏蒸消毒，然后将葡萄轻轻放入缸内，一层层平放，装至缸的2/3处即可，并在上层覆盖1层无病无伤的白菜叶。贮藏初期每10~15天倒缸检查1次。气温高时注意通风（揭盖），在气温降到−2℃时盖好缸口，注意保温，使缸内温度保持在1~2℃。一些地方群众在缸底撒部分辣椒枝叶的干粉末，也有明显的杀菌保鲜效果。

采用缸内分格装入法效果更好，方法是：将缸洗净晾干之后，按照缸壁的斜度制成大小不同的"井"字形木格架，最底层距缸底10厘米，每格上放1层葡萄，每缸可放5~6层，然后用报纸将缸口密封糊实，贮藏期间一般不再翻缸。这种方法一般可将葡萄贮藏到春节前后。

（三）二氧化硫保藏法

即利用二氧化硫（SO_2）气体进行防腐贮藏。二氧化硫不仅可降低葡萄果实的呼吸强度，而且有灭菌、保鲜的效果。利用二氧化硫贮藏葡萄方式较多，常用的有两种方法。

1. 亚硫酸氢钠药包贮藏　这是一种最简单的简易保鲜贮藏方法。即在果箱内放入亚硫酸氢钠和吸湿硅胶混合粉剂。亚硫酸氢钠的用量为果穗重量的0.3%，硅胶为0.6%。二者在应用时混合后均匀分成5包，按对角线法放在果箱内的果穗上，利用其吸湿反应时生成的二氧化硫保鲜贮藏。一般每20~30天换1次药包，在1~2℃的条件下即可贮藏到春节以后。

2. 化学保鲜剂贮藏　市场上常见的化学保鲜剂种类很多，如S-M和S-P-M葡萄保鲜片剂及天津农产品保鲜中心等单位研制的CT型保鲜片或其他袋装保鲜剂、保鲜纸等。保鲜剂和塑料保鲜（膜）袋配合贮藏葡萄有良好的保鲜效果。具体方法是：将成熟良好的葡萄采下后，经过挑选在室内预冷，然后装入0.04毫米厚的聚乙烯PE塑料保鲜袋内。每袋装果量为4~5千克，然后放入8~10片（相当果重0.2%）保鲜药片，扎紧袋口，置于0~1℃的低温贮藏室内。采用这种方法能保鲜贮藏达3~5个月之久。

在家庭进行少量葡萄短期贮藏时，单纯使用塑料保鲜袋贮藏葡萄也有一定的保鲜效果，但一定要注意将装好的果袋置于低温冷凉处，而且不能随意打开袋口，否则将严重影响贮藏效果。

（四）微型冷库（MCS）与保鲜袋、保鲜剂复合保鲜贮藏

采用微型冷库与保鲜袋、保鲜剂结合进行葡萄贮藏是当前葡萄产区值得推广应用的葡萄商品化保鲜贮藏方法。该方法投资小、设备简单、贮藏量大、贮藏效果明显。微型冷库可以新建，也可用防空洞、窑洞及普通房屋改建。它由贮藏室、机房和缓冲间3部分构成，配置冷风机通风致冷，48小时内能使葡萄果实温度降至0℃，葡萄贮存时，使库温稳定维持在（−1±0.5）℃的条件下。

修建一个100米³的冷库可贮藏葡萄1.8万千克，管理得当，当年即可收回全部投资并有盈利。另外，微型冷库除用于葡萄贮藏之外，还可用于其他农副产品及加工产品的保鲜贮藏。

冷库贮藏

采用微型冷库与保鲜袋、保鲜剂结合进行葡萄保鲜贮藏的工作流程是：冷库准备与消毒→采收选择优质葡萄→果穗整理装入内衬PE保鲜袋的果箱→果穗间隙加葡萄保鲜剂→运入微型冷库→（1±0.5）℃敞口预冷10～12小时→扎紧袋口、封箱、码垛→（−1±0.5）℃条件下贮藏。

采用微型冷库贮藏，不再进行任何处理，贮藏5～6个月后，葡萄好果率仍在98%以上。这种节能型的商品化葡萄贮藏方法值得在各地推广。

无论采用哪种贮藏方法，最关键的还在于葡萄本身的质量，只有成熟充分（含糖量大于17%）、采前无连阴雨、无病虫、无损伤并未用激素处理的葡萄才能进行保鲜贮藏。

葡萄观光园

第十二章 葡萄无公害、绿色食品与 有机葡萄生产

一、发展葡萄无公害、绿色、有机食品生产的意义

无公害、绿色、有机食品国外亦称为"健康食品"、"有机食品"、"自然食品"或"安全食品"，它是指在生产过程中严格规定其生产地的环境条件，按特定的生产操作规程，尽量减少、限制或严格禁止在生产中应用某些化学物质和化学合成物质及转基因产品，从生产方式和生产过程上防止对生态环境的破坏和对食品安全的影响，从而保护人类的生存环境和保障人类的身体健康。

安全食品生产是当前国际农产品生产的主要方向，随着科学发展和人类对环境保护及人类自己健康认识的不断加深，安全食品生产已越来越受到世界各国的重视。从2006年11月1日起，我国开始全面实施《中华人民共和国农产品质量安全法》，农产品的质量与安全已成为农产品生产中的头等大事。

葡萄和其加工品（葡萄酒、葡萄汁、葡萄干等）是国际性的重要的果品和食品之一，如何防止环境、农药、化肥等对葡萄的污染，我国科技工作者已进行了许多研究和努力，并已制定出一系列葡萄、葡萄酒安全食品生产的规格和标准。随着我国加入世界贸易组织（WTO）及我国政府对食品安全重视程度的不断提高，生产优质、无污染的葡萄及其加工品将是今后葡萄生产发展的必然趋势。近年来，国家和各省、自治区、直辖市已就葡萄无公害食品、绿色食品、有机食品的生产和管理发布了一系列的规定和标准。陕西、新疆、河北、江苏等省（自治区）也早已制定出《食用农产品安全生产标准》。经过多年努力，我国大部分地区葡

萄生产已基本实现了无公害、绿色食品化，一些县、区还达到了有机食品生产认证。但是从总体上来看，我们与国际先进水平相比仍有一定的差距，面对新的形势，进一步深化葡萄优质安全生产，确保葡萄生产的可持续发展仍是当前一项重要的工作和任务。

二、无公害、绿色食品、有机食品之间的差别与联系

无公害、绿色食品、有机食品同属无污染、安全食品，它是在我国特定条件下形成的食品安全生产的不同层次。

无公害食品是最基本的安全食品，它通过对产地环境、生产过程、产后加工销售等生产环节的严格要求和监控来保证食品的基本安全。当前，无公害食品生产在我国属于政府行为，一切农产品的生产和加工、运销等环节都必须达到无公害生产的要求，否则将禁止在市场上销售与流通。

绿色食品是在无公害生产的基础上进一步对产地环境、生产过程和产品质量安全进行严格的规定，实行从产地到餐桌生产全过程的安全监控。我国绿色食品分为A级和AA级，AA级绿色食品已接近或达到国际有机食品的规定和要求。国家对绿色食品的生产、申报、审批和产品认证设有专门的部门进行管理，在目前条件下，我国绿色食品仍属于地方或企业自由申报。

有机食品是无污染安全食品的新形式，它对产地环境的选择和保护以及生产过程的监控有着更十分严格的要求，在生产过程中严格禁止使用任何人工合成的化学农药、肥料和生长调节剂及转基因产品，实行从产品到消费的全程严格监控，确保生态环境、生产过程和产品的安全和无污染，全面实现农业生产的可持续发展。近年来国家有关部门对有机产品的申报监测和认证也已制定相应的法律法规。

近年来，国内一些地区开始推行GAP（良好农业操作规范）生产制度，这也是一种国际上普遍认可的农产品安全认证体系，

它是由政府推荐的，对从生产到销售的各个环节的明确要求、规范和规定，我国良好农业操作规范GAP-CHINA认证工作也已开始进行。一些葡萄产区也已开始推行或通过葡萄良好农业操作规范GAP-CHINA认证。

从我国葡萄生产当前实际情况来看，目前葡萄生产的主要任务是全面实现葡萄无公害生产和绿色食品的生产，并为进一步扩大和发展良好农业操作规范GAP和有机葡萄生产奠定基础。

三、葡萄无公害、无污染生产对生产基地环境的要求

葡萄无公害、绿色、有机葡萄生产对生产环境有严格的要求。产地环境（大气、灌溉用水、土壤状况等）对葡萄产品质量有重要的影响。无公害、绿色葡萄食品生产基地的建立一定要重视产地环境的选择，使生产区范围内无任何污染源，如造纸厂、化工厂、冶炼厂、水泥厂等。

葡萄无公害、绿色食品生产基地的大气、土壤、水质状况必须符合国家有关规定和检测标准，各个葡萄产区必须从生产源头抓起，确保葡萄产品的质量安全。

2002年颁布的NY/T5087—2002《无公害食品 鲜食葡萄产地环境标准》，对无公害葡萄产地环境质量作出了明确的规定，各地应严格执行（表7至表9）。

表7 无公害葡萄环境空气质量要求（NY/T5087—2002）

项 目	浓度限值	
	日平均	1小时平均
总悬浮颗粒物（标准状态）（毫克/米³） ≤	0.30	
二氧化硫（标准状态）（毫克/米³） ≤	0.15	0.50
二氧化氮（标准状态）（毫克/米³） ≤	0.12	0.24
氟化物（标准状态）（微克/米³） ≤	7	20

表8　无公害葡萄产地灌溉水质量要求（NY／T5087—2002）

项目	总镉	总汞	总砷	总铅	pH	挥发酚	氰化物	石油类
浓度限值（毫克/克）	≤0.005	≤0.001	≤0.1	≤0.1	6.5～7.5	≤1.0	≤0.5（以CN⁻计）	≤1.0

表9　无公害葡萄产地土壤环境质量要求（NY／T5087—2002）

项目	pH<6.5	pH6.5～7.5	pH>7.5
总镉（毫克/千克）≤	0.30	0.30	0.60
总汞（毫克/千克）≤	0.30	0.50	1.00
总砷（毫克/千克）≤	40	30	25
总铅（毫克/千克）≤	250	300	350
总铬（毫克/千克）≤	150	200	250
总铜（毫克/千克）≤	400	400	400

　　各地在发展葡萄生产时，必须与当地环保部门加强联系，掌握产地环境大气、土壤、灌溉水的质量状况，为实现葡萄生产的安全、优质奠定良好的基础。

　　在开展葡萄有机生产时，要严格按照国家关于有机农产品生产的有关规定和标准如GB/T 19630—2005等有关标准进行生产地点选择、环境监测、生产过程监控、管理体系建立、转换期管理、产品检测认证等项工作，确保有机葡萄的质量安全和信誉。

四、葡萄无公害、绿色食品生产管理技术要求

　　无公害、绿色食品葡萄生产必须遵循国家制定的规范化生产技术操作规程，最大限度地使生产环境无污染，葡萄产品无毒、无害、无农药残留。在生产过程中严格控制化学农药和化学肥料的施用，严禁使用高毒、高残留农药；葡萄产品质量分级要按标

准进行，包装、运输、保鲜、销售过程中要防止二次污染，产品质量要达到国家规定的各种标准和要求。当前尤其要重视的关键技术环节是：

1. **重视品种选择**　认真选择优质、抗病、抗虫品种，尽量选用无病毒苗木。加强苗木检疫，严格禁止将未经检疫的外国、外地葡萄苗木、枝条等带入本地葡萄产区。凡从外地引进的苗木和插条，在定植和使用前必须用5波美度石硫合剂、辛硫磷等药剂对苗木、插条进行消毒处理，然后再进行栽植。

2. **强化对生产过程的管理与监控**　在葡萄生产过程中，要严格执行国家关于无公害、绿色、有机食品生产制定的一系列技术规范和要求，建立完整的生产技术档案，实行从产地一直到餐桌的生产、销售全过程管理与监控，确保葡萄产品的质量与安全。

必须强调的是，无公害、绿色食品是安全、优质的统一体，不能只顾一面而忽视另一面，国家无公害、绿色食品葡萄生产规范和标准中对葡萄的质量和安全都有明确的规定，无公害、绿色食品葡萄必须是既安全又优质（表10、表11）。

表 10　无公害食品　葡萄感官要求（NY 5086—2005）

项　目	指　标
果　面	洁净，无日灼、无病虫斑及机械损伤等缺陷
果　形	端正，均匀一致
色　泽	果皮、果肉颜色符合本品种特征
风　味	具有本品种的特有风味，无异味
成熟度	充分发育

表11　我国葡萄农药及重金属最大残留限量（MRL）标准
（根据国家相关标准整理）　（单位：毫克/千克）

项　目	无公害产品	绿色食品	有机食品
汞	≤0.01	≤0.005	≤0.005
铅	≤0.2	≤0.2	≤0.01

(续)

项目	无公害产品	绿色食品	有机食品
砷	≤0.5	≤0.2	≤0.025
铬	≤0.5		
镉	≤0.03	≤0.01	≤0.0015
铜	≤10.0		
稀土	≤0.70		
硒	≤0.05		
氟	≤0.50	≤0.50	≤0.025
敌敌畏	≤0.2	≤0.05	≤0.01
乐果	≤1.0	≤0.05	≤0.05
溴氰菊酯	≤0.1	不得检出	不得检出
氰戊菊酯	≤0.2	不得检出	不得检出
甲霜灵	≤1		
三唑酮	≤0.2	≤0.15	≤0.005
多菌灵	≤0.5		
百菌清	≤1.0	≤0.8	≤0.04
杀螟硫磷	≤0.5	≤0.02	≤0.2
倍硫磷	≤0.05	不得检出	不得检出
马拉硫磷	不得检出	不得检出	不得检出
六六六	≤0.2	≤0.05	≤0.005
滴滴涕	≤0.1	≤0.05	≤0.01

注：（1）其他有毒、有害物质的残留指标应符合国家有关法律、法规、行政规章和强制性标准的有关规定。

（2）随时注意相关标准修订后新的规定值。

3. 实行病虫害综合防治，严格掌握农药的使用　葡萄生产中对环境和食品安全影响最大的是农药的应用，葡萄病虫防治绝不能单纯依靠化学药剂，必须高度重视病虫害综合防治，用先进的综合农业技术培养健壮的树势，调节葡萄园小气候，为葡萄生长创造最佳的环境，有效地控制病虫害的发生，把病虫害的发生和危害降到最低程度。农药的应用要达到科学合理，以防对葡萄产品和环境的污染，防止使病虫产生抗药性。

当前农药的应用和葡萄质量安全有着十分重要的关系。葡萄无公害、绿色食品生产中必须严格执行国家有关农药使用的一系列标准和规定，如GB/T 8321.1～8321.7《农药合理使用准则》以及NY/T 393《绿色食品　农药使用准则》等，一定要严禁使用剧毒、高毒、高残留或致癌、致畸、致突变的农药，如无机砷杀虫剂、无机砷杀菌剂、有机汞杀菌剂、有机氯杀虫剂等。目前特别要重视严格禁止以下几类曾在葡萄生产上应用过的农药种类，如有机氯杀螨剂三氯杀螨醇、有机磷杀虫剂对硫磷与氧化乐果等，取代磷类杀虫杀菌剂如五氯酚钠等。

生产葡萄无公害和A级绿色食品时，可以在国家的相关规定下有限制地使用部分化学农药，但对农药的种类、使用浓度和使用次数应有严格的限定（表12）。

表12　葡萄无公害、绿色食品生产中化学农药应用规定

农药名称	最后一次用药距采收间隔时间	每次每667米^{2}常用药量	全年最多施用次数
敌敌畏	7～10天	50%乳油150～200克 80%乳油100～200克	1次
乐果	15天	40%乳油100～125克	1次
辛硫磷	不少于10天	50%乳油500～2 000倍	1次
敌百虫	10天	90%固体100克（500～1 000倍液）	1次
抗蚜威	10天	50%可湿性粉剂10～30克	1次
氯氰菊酯	5～7天	50%乳油20～30毫升	1次
溴氰菊酯	7天	2.5%乳油20～40毫升	1次
氰戊菊酯	10天	20%乳油15～40毫升	1次
百菌清	30天	75%可湿性粉剂100～200克	1次
甲霜灵 （瑞毒霉）	5天	50%可湿性粉剂75～120克	1次
多菌灵	7～10天	25%可湿性粉剂500～1 000倍液	1次
腐霉利 （二甲菌核利）	5天	50%可湿性粉剂40～50克	1次
扑海因 （异菌脲）	10天	50%可湿性粉剂1 000～1 500倍液	1次
粉锈宁	7～10天	20%乳油500～1 000倍液	1次

在生产AA级绿色食品时，还必须禁止使用各种有机合成的植物生长调节剂和化学除草剂如除草醚、草枯醚等及基因工程产品与制剂。

对要出口的葡萄产品，还应根据出口目的国家（或地区）的要求，按其国家（或地区）的标准对化学农药和生产资料的应用进行相应的安排和调整。

4.慎重使用生长调节剂类药物　当前各种无核剂、大果剂、增色剂、催熟剂等生长调节剂类药物在葡萄生产上应用十分混乱，在一些地区对葡萄产品的质量和安全造成很大的影响，必须尽快规范生长调节剂类药物在葡萄生产上的应用。根据国家关于绿色食品、无公害葡萄产品生产的要求，科学合理使用经过国家审定的植物生长调节剂，绝不能盲目乱用，绝不能影响葡萄产品的质量和安全。在生产AA级绿色食品和有机食品时，不允许使用任何生长调节剂类药物。

5.科学施肥　施肥对葡萄的质量和安全也有着十分重要的影响，无公害、绿色葡萄食品生产中，施肥应以充分腐熟的有机肥为主，配合生物肥，重视施用磷肥、钾肥、钙肥和微量元素肥料，控制使用氮肥，葡萄生长期尽量不用尿素等氮素化肥，防止肥料分解形成亚硝酸盐等有害物质。尤其要注意，灌溉时千万不能盲目使用工矿和城市排放的未经处理的污水和废水。无公害、绿色食品栽培对葡萄园所用的肥料有严格的要求：

（1）允许使用的基肥

农家肥（堆肥、沤肥、厩肥）：应用时要经过充分发酵、腐熟。

绿肥和作物秸秆肥：

商品有机肥：以生物物质、动植物残体、排泄物、生物废弃物等为原料，加工制成的商品肥。

有机复合肥：有机和无机物质混合或化合制剂。如经过无害化处理后的畜禽粪便加入适量的锌、锰、硼等微量元素制成的肥料、发酵肥液、干燥肥料等。

无机（矿质）肥料：矿物钾肥和硫酸钾；矿物磷肥（磷矿粉），煅烧磷酸盐（钙镁磷肥脱氟磷肥），粉状硫肥（限在碱性土壤使用），石灰石（限在酸性土壤使用）。

腐殖酸类肥料：以草炭、褐煤、风化煤为原料生产的腐殖酸类肥料。

微生物肥料：是特定的微生物菌种生产的活性微生物制剂，无毒无害，不污染环境，通过微生物活动改善植物的营养或产生植物激素，促进植物生长，目前微生物肥料分为五类：

①微生物复合肥：它以固氮类细菌、活化钾细菌、活化磷细菌三类有益细菌共生体系为主，互不拮抗，能提高土壤营养供应水平，是生产无污染绿色食品的理想肥源。

②固氮菌肥：能在土壤和作物根际固定氮素，为作物提供氮素营养。

③根瘤菌肥：能增加土壤中的氮素营养。

④磷细菌肥：能把土壤中难溶性磷转化为作物可利用的有效磷，改善磷素营养。

⑤磷酸盐菌肥：能把土壤中云母、长石等含钾的磷酸盐及磷灰石进行分解，释放出钾。

（2）允许使用的追肥，葡萄叶面追肥中不得含有化学合成的生长调节剂。

（3）允许使用的叶面肥，有微量元素肥料，以铜、铁、锰、锌、硼、钼等微量元素及有益元素配制的肥料；植物生长辅助物质肥料，如用天然有机物提取液或接种有益菌类的发酵液，再配加一些腐殖酸、藻酸、氨基酸、维生素等配制的肥料。提倡使用经过发酵的沼液和沼渣。

（4）允许使用的其他肥料　不含合成添加剂的食品、纺织工业品的有机副产品；不含防腐剂的鱼渣、牛羊毛废料、骨粉、氨基酸残渣、骨胶废渣、家畜加工废料等有机物制成的肥料。

所有商品肥料都必须是按照国家法规规定，受国家肥料部门管理、经过检验的审批合格的肥料种类。

在开展有机葡萄生产时，应按照GB/T 19630.1～19630.4—2005《有机产品》生产相关标准要求严格进行生产资料的选择和生产过程的管理。

五、加强产后质量安全管理，严防发生二次污染

葡萄产品采后处理、分级、保鲜应按相关标准进行（GB/T16862—1997《鲜食葡萄冷藏技术》)，葡萄产品从采收后到销售的所有中间处理环节应严防产生二次污染，最大限度保持产品新鲜状态，提高葡萄产品商品率，以取得更好的经济效益。葡萄采收及采后处理按下列程序进行：

适时采收→按标准分级→预冷→包装→贮藏保鲜→检测→封袋包装→上市销售。

六、葡萄无公害、绿色食品的认证

国家对无公害、绿色食品生产的审批和认证由专门机构（各省、直辖市无公害、绿色食品生产办公室）负责，各生产单位应与其联系进行申请，在经过专门的环境监测单位进行检测审核，并对其葡萄和葡萄加工产品进行质量和卫生检验后，上报省和农业部进行终审，然后由中国绿色食品发展中心与生产单位签约，并颁发专门的无公害、绿色食品标志使用证书，同时向全国发布通告予以确认。

附录一 无公害葡萄周年管理工作历 (陕西关中地区)

时 期	作业项目	工作内容和要求
2月下旬至3月下旬，萌芽前	田间准备	葡萄出土前扶正加固架杆，将松动下垂的铁丝用紧线器将铁丝拉紧。制定全年工作计划
3月底至4月初，芽膨大期	撤除防寒土	将覆盖在葡萄植株上的防寒土撤除。撤土时必须细心，不要碰伤枝芽。葡萄出土工作应4月初以前完成
	土壤管理	整理树盘，培好树盘边埂。维修灌水设备与沟渠
	喷药	萌芽前芽膨大时，喷布铲除剂5波美度石硫合剂
	上架	葡萄萌芽前尽早上架，将枝蔓在架面上摆布均匀。剥除老皮并烧毁
4月上旬，萌芽期	灌水追肥	发芽前灌1次透水，基肥少的葡萄园结合灌水，可施入多酶金尿素、田生金果树肥等壮芽肥
4月中旬，展叶期	中耕	灌水后，应及时中耕保墒
	喷药	2～3叶时喷45%阿米西达2 000倍液、50%多菌灵800倍液与吡虫啉3 000倍液，预防黑痘病、霜霉病以及绿盲蝽等害虫
4月中、下旬，新梢生长	灌水中耕	春旱土壤干燥时，应灌1次水。灌后中耕
	抹芽	展叶初期进行，一个芽眼只留一个壮枝，抹去预备芽发出的弱枝和老蔓上萌发的隐芽以及从地面发出的萌蘖枝
	定梢	新梢长到15～20厘米时定梢，保留健壮的结果枝和新梢，抹去弱枝、徒长枝、部分过密的发育枝
5月上、中旬，开花前	绑梢	新梢40厘米左右时进行绑梢，以防被风吹折。绑蔓时新梢间距离以15厘米左右为宜，以后随着新梢的伸长，及时绑缚
	定枝，覆避雨膜	结合绑梢进行定枝，调整到预定的留梢数。开花前覆盖避雨膜
	喷药	预防穗轴褐枯病、灰霉病和提高坐果率，开花前喷1次5%多菌灵600倍液或50%扑海因1 000倍液和0.3%硼砂
	灌水冲肥	土壤干燥时进行冲肥，每667米²2.5千克比奥齐姆20－20－20+TE与沃益多兑水500千克冲施，冲施后及时中耕除草

（续）

时　期	作业项目	工作内容和要求
5月中旬	结果枝摘心	对容易落花落果的品种如玫瑰香、巨峰等的结果枝在花前4～7天进行摘心；对果穗紧密的品种如红地球等，开花前不摘心，落花后再开始摘心
5月中、下旬，开花前	副梢处理	控制副梢保持架面通风透光。对果穗以下的副梢留1～2叶摘心，果穗以上的副梢留4～5叶摘心，二次副梢只留顶端一个，并反复摘心，其余全部去除
	疏花序	根据计划产量疏去部分过多的花序和弱小花序，一个结果枝上保留1个花序
	掐穗尖	开花前3～5天掐去花序尖端1/4～1/5，并剪去歧肩和副穗
	喷硼	花前3～5天和盛花期喷0.3%硼砂液
	喷药，设置防雹网	落花坐果后，立即喷1次70%甲基硫菌灵1 000倍液，防止幼果染病。有冰雹的地区架设防雹网
6月上旬，幼果期	追肥灌水	落花后10天左右，幼果迅速生长期，施入4%硝硫基（15－5－20）复合肥、翠康钙宝，施肥后灌水、中耕，并进行树盘覆膜覆草
	摘心	控制新梢和副梢旺生长，副梢及时摘心，保持架面通风透光。对营养枝留10～12片叶摘心，下部副梢留2～3个叶片摘心，上部副梢留4～5片叶摘心
6月下旬，幼果膨大期	灌水冲肥	土壤干燥时进行冲肥，每667米^2 2.5千克比奥齐姆（12－8－24＋10Ca＋TE）与沃益多兑水500千克冲施，冲施后及时中耕除草
	喷药	喷200倍石灰半量式波尔多液等药液，预防霜霉病、白腐病、褐斑病等，如果二星叶蝉为害重，可加阿克泰等杀虫药剂
7月上、中旬，种子硬核期	套袋	套袋前用20%世高2 000倍液加40%嘧霉胺800倍液蘸穗，待药液干后气候适宜时进行套袋
7月下旬，果实膨大期	摘心	对结果枝、营养枝副梢进行摘心，促进新梢生长充实
	喷药	喷药内容和要求同6月下旬。若霜霉病发生和蔓延，采用霉多克或烯酰吗啉
	追肥	追施磷钾肥，如聚离子生态钾或者在喷药时结合喷三德乐速溶性硫酸钾肥250～300倍液2～3次和光呼吸抑制剂或翠康生力液150倍液2～3次，提高果实品质、促进新梢成熟
	防雹	冰雹过后立即全园喷布70%甲基硫菌灵1 000倍液，预防白腐病

（续）

时　期	作业项目	工作内容和要求
8月上、中旬，果实着色期	排水、防病	进入雨季，注意避雨，及时排水，防治霜霉病
	除草	及时除草，防止发生草荒加重病虫为害
	摘老叶，喷施钙肥	为了改善果园透光条件，提高果实着色度，在果实开始着色后期，将贴近果穗遮光的老叶摘去。采前一月喷施翠康钙宝等钙肥
	灌水冲肥	土壤干燥时进行冲肥，每667米^{2}5千克比奥齐姆（8－16－40+TE）与沃益多兑水500千克冲施，冲施后及时中耕除草
8月下旬至9月下旬，成熟期	采收	从采收前20天开始，禁止使用一切农药。有色品种采收前一周敞开果袋，促进上色。采收时要防止机械伤害。对要贮藏外运的及时预冷入冷藏库
10月中旬，采收后	施基肥	果实采收以后尽快施基肥。以充分腐熟的有机肥为主。结合套餐施化肥：每667米^{2}施4%田生金复合肥80～120千克，56%花果多土壤调理剂50～75千克，诺邦地龙生物有机肥80千克。施肥后如土壤干燥应灌水
	喷药	采后喷布80%乙磷铝300倍液或其他药剂，预防后期霜霉病发生
	清园	剪除所有病虫枝、叶、果、蔓，彻底烧毁
10月下旬，落叶期	灌水	施入基肥后灌水，以利于根系吸收
	冬季修剪	冬季修剪工作在10月下旬至11月上旬埋土防寒前完成
11月上旬，休眠期	埋土防寒	冬剪后，将枝蔓从架上取下，并用稻草捆好，进行埋土防寒。埋土防寒应在土壤封冻以前完成
12月，休眠期	冬灌，年度总结	土壤上冻前进行冬灌。总结全年工作，制定来年工作安排，做好各项准备工作

附录二　葡萄无公害生产常用农药

一、杀菌剂

（一）石硫合剂

石硫合剂是一种广谱性杀虫、杀菌剂，对防治葡萄毛毡病、白粉病、黑痘病、红蜘蛛、介壳虫等有良好的效果。

1. **熬制方法**　石硫合剂用生石灰、硫黄加水熬煮而成，其配制比例一般是1：2：10，即生石灰1千克、硫黄2千克、水10千克。先把水放在锅中烧至将沸时，加入生石灰，等石灰水烧开后，将碾碎过筛的硫黄粉用开水调成浓糊状，慢慢加入锅内，边加边搅拌，并用大火熬煮40～60分钟，药液由黄色变成深红褐色即可。若熬制时间过长，药液则变成绿褐色，药效反而降低；若熬制时间不足，原料成分作用不全，药效不高。

熬好的石硫合剂，从锅中取出放在缸内冷却，并用波美比重表测量度数，称为波美度（以Be表示），一般可达25～30波美度。在缸内澄清3天后吸取清液，装入缸或罐内密封备用，应用时按石硫合剂稀释方法兑水使用。

2. **稀释方法**　在农村最简便的稀释方法有两种：

（1）**重量法**　可按下列公式计算

$$原液需用量（千克）= \frac{所需稀释浓度}{原液浓度} × 所需稀释液量$$

例如：需配0.5波美度稀释液100千克，需20波美度原液和水量为：

$$原液需用量 = \frac{0.5}{20} \times 100 = 2.5（千克）$$

需加水量等于 = 100（千克）－ 2.5（千克）= 97.5（千克）

（2）重量稀释倍数法

$$重量稀释倍数 = \frac{原液浓度}{需要浓度} - 1$$

例：欲用 25 波美度原液配制 0.5 波美度的药液，稀释倍数为：

$$稀释倍数 = \frac{25}{0.5} - 1 = 49$$

即取一份（重量）石硫合剂原液，加 49 倍的水即成 0.5 波美度的药液。

3. 注意事项　①熬制石硫合剂时必须选用新鲜、洁白、含杂质少而没有风化的块状生石灰（若用消石灰，则需增加 1/3 的量）；硫黄选用金黄色、经碾碎过筛的粉末，水要用洁净的软水。②熬煮过程中火力要大且均匀，始终保持锅内处于沸腾状态，并不断搅拌，这样熬制的药剂质量才能得到保证。③不要用铜器熬煮和贮藏药液，贮藏原液时必须密封，最好在液面上倒入少量煤油，使原液与空气隔绝，避免氧化，这样一般可保存半年左右。④石硫合剂腐蚀力极强，喷药时不要接触皮肤和衣服，如已接触，应速用清水冲洗干净。⑤石硫合剂为强碱性，不能与波尔多液、松脂合剂及遇碱分解的农药混合使用，以免发生反应或降低药效。⑥喷雾器用后必须冲洗干净，以免被腐蚀而损坏。⑦夏季高温（32℃以上）期使用时易发生药害，低温（15℃以下）时使用则药效降低。发芽前一般多用 5 波美度药液，发芽后必须降至 0.2 ～ 0.3 波美度。⑧石硫合剂腐蚀性较强，设施中覆膜后要慎用，以免喷到膜上造成对棚膜的伤害。

（二）波尔多液

波尔多液是用硫酸铜和石灰加水配制而成的一种预防性保护剂，主要在病害发生以前使用。它对预防葡萄黑痘病、霜霉病、白粉病、褐斑病等都有良好的效果，但对预防白腐病、灰霉病效果较差。

1. **配制方法**　配制波尔多液要用三个容器，先用两个容器分别把硫酸铜和生石灰分别用少量热水化开，用3/10的水配制石灰液，7/10的水配制硫酸铜，充分溶解后过滤并将两种清液同时倒入第三个容器中，充分搅匀，则成天蓝色的波尔多液。容器不够时，也可把硫酸铜慢慢倒入石灰乳液中，边倒边搅拌，即配成天蓝色的波尔多液药液。

2. **使用方法**　在葡萄生长前期可用200～240倍半量式波尔多液（硫酸铜1千克、生石灰0.5千克、水200～240千克）；生长后期可用200等量式波尔多液（硫酸铜1千克、生石灰1千克、水200千克），为增加药液在植物上的黏着力，可另加少量黏着剂（100千克药剂加100克皮胶液）。配制波尔多液时，硫酸铜和生石灰的质量及其混合方法，都会影响到波尔多液的质量。配制良好的药剂，所含的颗粒很细小而均匀，沉淀较缓慢，清水层也较少；配制不好的波尔多液，沉淀很快，清水层也较多。

3. **注意事项**　①必须选用洁白成块的生石灰；硫酸铜选用蓝色有光泽、结晶成块的优质品。②配制时不宜用金属器具，尤其不能用铁器，以防止发生化学反应降低药效。③硫酸铜液与石灰乳液温度达到一致时再混合，否则容易产生沉降，降低杀菌力。④药液要现配现用，不可贮藏，同时应在发病前喷用。⑤波尔多液不能与石硫合剂、退菌特等碱性药液混合使用。喷石硫合剂和退菌特后，需隔10天左右才能再喷波尔多液；喷波尔多液后，隔20天左右才能喷石硫合剂、退菌特，否则会发生药害。

（三）乙磷铝

乙磷铝又名疫霉灵。纯品为白色无味结晶，在一般有机溶剂中溶解度很小，稍溶于水，纯品及其工业品制剂均较稳定。对人畜低毒。乙磷铝是一种具有双向传导能力、高效、低毒、广谱性的有机磷内吸杀菌剂，在植物体内流动性很大，内吸治疗效果明显，并具有良好的保护作用和治疗作用，对霜霉病有良好的防治效果。加工剂型有40％、80％、90％可湿性粉剂。常用浓度为40％可湿性粉剂200～300倍液，或用80％可湿性粉剂400～500倍液，或用90％可湿性粉剂600～800倍液喷雾，防治葡萄霜霉病效果良好。乙磷铝若与多菌灵、灭菌丹等农药混用，效果更佳，可提高药效，并可兼治其他病害。

使用本剂时应注意以下几个问题：

（1）不要与强碱或强酸性药剂混用，以免减效或失效。

（2）避免连续单一使用乙磷铝，以防止病菌产生抗药性。

（3）本剂易吸潮结块，贮运中应注意密封保存，如遇结块，不影响使用效果。

（4）本品对鱼类有毒，使用时不要污染池塘、河湖。

（四）瑞毒霉

瑞毒霉又名甲霜灵、甲霜安，是一种内吸性杀菌剂，其有效成分施药后30分钟即可通过植物的根、茎、叶部吸收进入植物体内，并迅速上下移动传导至各部位。因此，施药后不怕雨水冲刷，具有良好的保护和治疗作用，残效期较长，对植物安全，对人畜低毒。该药具有轻度挥发性，在中性及酸性介质中稳定，遇碱易分解失效。此药对霜霉病有独特的防治能力。加工剂型有25％可湿性粉剂和35％拌种剂。用25％可湿性粉剂500～600倍液喷雾，防治葡萄霜霉病有特效。但若连续使用，病原菌易产生抗药性，因此在病害初发时可用其他常规杀菌剂，在发病较重，其他杀菌剂不能奏效的情况下，再用瑞毒霉，可起到治疗的作用。瑞毒霉用药次数每年不得超过2次，间隔期为10～14天。该药可与其他杀菌剂复配使用或交替轮换使用。

（五）霜脲氰

霜脲氰又名克露，原药为白色结晶，微溶于水，是一种内吸性杀菌剂，常用制剂为72%克露可湿性粉剂，霜脲氰只对霜霉病有效，而且药效期仅2天，因此多与代森锰锌等农药混配使用，目前用霜脲氰配制的药剂有百余种之多，使用前一定要分清楚。霜脲氰对霜霉病有预防和治疗的作用，常用72%克露可湿性粉剂300～400倍液在疾病前或初发病时进行防治，相隔5～7天连喷两次即可。

（六）烯酰吗啉

烯酰吗啉又名安克、科克等，原药为无色晶体，难溶于水，是一种肉桂酸的衍生物，属低毒性杀菌剂，对防治霜霉病有特效，常用制剂有69%安克—锰锌可湿性粉剂和69%安克—锰锌水分散粒剂，生产中主要在发病前或发病初期用69%安克—锰锌600～800倍液进行喷布，每隔7～10天喷1次，连喷2～3次即可。使用烯酰吗啉时要注意防护，防止吸入或溅入眼中，并注意和其他农药轮换使用，防止病菌产生抗药性。

（七）百菌清

百菌清又名达科宁，是一种高效、低毒、低残毒、广谱性有机氯杀菌剂。纯品为白色结晶，无臭无味。工业品稍有刺激性臭味。在常温和光照下稳定，在酸性或碱性溶液中稳定，但强碱可促其分解。百菌清的主要作用是防止植物受真菌的侵染，在植物已受到病害侵染、病菌已进入植物体内后，杀菌作用则很小。该药无内吸传导作用，但喷在植株表面有较好的黏着性，耐雨水冲刷，对人畜低毒。能与其他农药混用。目前生产的剂型有75%的可湿性粉剂、10%百菌清乳剂、2.5%烟剂。用75%可湿性粉剂

500～800倍液防治白腐病、炭疽病、黑痘病、白粉病等多种病害均有良好效果。在常规用量下，一般药效期为7～10天。该药不能与石硫合剂等强碱性农药混用，以免分解失效。幼果期使用药剂浓度过大时，会产生药害，在果实采收前20天内停止用药。

（八）多菌灵

多菌灵又叫苯骈咪唑-44号，纯品为白色结晶粉末，工业品为浅棕色粉状物，不溶于水和一般有机溶剂，化学性质比较稳定，对人畜低毒，对作物安全。药剂被根、叶吸收后，可在植物体内传导，具有保护和治疗作用，是一种高效、低毒、低残留、广谱性的内吸杀菌剂。对多种子囊菌、半知菌引起的植物病害都有效，而对病毒和细菌引起的病害无效。生产剂型有25%、50%可湿性粉剂，40%胶悬剂。多菌灵可与一般杀菌剂混用，与杀虫剂、杀螨剂混用时要随混随用，但不能与铜制剂混用。稀释药液若不及时使用时，会出现分层现象，应搅匀后使用。多菌灵长期使用，病菌易产生抗性，应与其他杀菌剂交替使用。用25%多菌灵可湿性粉剂250～400倍液、50%多菌灵可湿性粉剂800～1 000倍液，可防治葡萄白腐病、炭疽病、房枯病、黑痘病，在发病前或发病初期每隔10～15天喷1次，连喷2次，防病效果显著。多菌灵还可防治葡萄在贮藏期的绿霉病、青霉病。

（九）粉锈宁

粉锈宁又名三唑酮。属有机杂环类杀菌剂，具有高效、低毒、低残留、持效期长、内吸性强等优点。具有预防、治疗、铲除、熏蒸等作用，是防治白粉病和锈病的高效内吸杀菌剂。它的杀菌机理极为复杂，主要是抑制、干扰菌丝、吸器的发育生长和孢子的形成。对菌丝活性的杀伤效果比对孢子强。目前加工剂型为25%可湿性粉剂、15%烟雾剂、25%乳油。用25%可湿性粉剂800～1 000倍液，防治葡萄白粉病、锈病有特效，其防治白粉病的效果优于托布津和石硫合剂。

（十）喷克

喷克是一种保护性、广谱性杀菌剂，药效持久、稳定，对人畜低毒，对作物安全。目前用80%可湿性粉剂600～800倍液防治葡萄霜霉病、炭疽病，用500～600倍液防治葡萄黑痘病、白腐病都有良好的防治效果。若与其他内吸杀菌剂轮换交替使用，或在发病关键时期使用内吸剂1～2次，在此之前和之后使用喷克进行保护，发挥各自的防病特点，可取得良好的防治效果。因该药是保护剂，必须在发病前和发病初期使用，并要喷得严密，使叶片正反面、果实阴阳面、果穗内部都布满药液，使药液覆盖整个植株，才能起到应有的保护作用。除强碱性农药以外，喷克能与多种农药混用。

（十一）科博

科博是一种杀菌谱广泛的优良保护性杀菌剂，既可用于防治真菌病害，又可防治细菌病害。药效高而稳定持久，施药后药液粘附在植物表面，形成一层保护膜，耐雨水冲刷。可连续持续使用，不会产生抗药性。属于低毒农药，对人畜安全，不污染农产品，可作为绿色食品生产的用药。该药含有植物所需的营养元素，具有微肥作用，能促进生长，提高产量和品质。目前使用剂型为78%可湿性粉剂。一般使用500～600倍液于发病前或发病初期喷药，间隔7～10天喷1次，可有效预防葡萄霜霉病、炭疽病、白腐病、黑痘病、白粉病等。喷药要周到仔细，将整个植株喷匀，但若植物发病已较严重，则应改用其他药物。

（十二）铜高尚

铜高尚是一种超微粒、中性铜类的广谱性杀菌剂，有效成分为三元基铜，这种超微粒铜粒子易被病菌吸入细胞内，发挥其杀菌或抑菌的作用。目前使用的剂型为27.12%的悬浮剂。该产品为浅蓝色，酸碱度（pH）为6.5～7.0，接近中性，其悬浮性、展着性、黏着性、覆盖性极佳，耐雨水冲刷。该药对人畜、环境毒性低，对作物安全，不易发生药害，是绿色食品生产的首选杀菌剂。在葡萄上用27.12%的悬浮剂400～600倍液，可防治葡萄霜霉病、炭疽病、黑痘病等，都有良好的效果。于发病前和发病初期使用，每隔10～14天喷1次，效果更好。连续多次使用不会产生抗药性，可代替波尔多液，但比波尔多液使用更方便、持效期更长、防效更佳、对葡萄更安全，而且有利于葡萄果实着色。

（十三）代森锰锌

代森锰锌是一种广谱、低毒、残效期长的保护性杀菌剂，原药由代森锰和锌离子络合而成。其作用机理主要是抑制病菌体内丙酮酸的氧化。与其他内吸性杀菌剂混用，可延缓病菌抗性的产生，而且并对锰、锌缺乏症有治疗作用。代森锰锌对人畜低毒，但对皮肤和黏膜有一定的刺激作用，对植物也较安全。目前加工剂型有80%、70%和50%代森锰锌（络合态）可湿性粉剂。该药在酸、碱、高温、潮湿、强光条件下易分解失效。生产上常用80%可湿性粉剂600～800倍液防治葡萄霜霉病、炭疽病、黑痘病、白粉病、白腐病、褐斑病等。在发病前或发病初期喷药，间隔时间为7～10天。该药不能与碱性药剂混用，以免降低药效。当前许多复配农药都是以代森锰锌为主要成分和其他农药配制而成的。如大生M-45、喷克、新万生、速克净等。

（十四）硫黄胶悬剂

硫黄胶悬剂也叫硫黄悬浮剂，是由农药原药、载体和分散剂混合而成的一种浅白色黏稠液体，其粒径多在1毫米左右，因载体中含有表面活性剂、湿润剂和增黏剂等，不仅能促使硫黄分散，还保证了施药面的湿润和展布，耐风吹日晒，耐雨水冲刷。该药以极细的硫为主要活性成分，直接作用于植物表面的病虫体，发挥其治病、杀虫的药效。此药在实际应用中，毒力的大小与气温的高低有密切关系，气温越高，硫黄越易挥发，其蒸气压力就越大，毒力也越强。因此，在不同季节，气温不一，其使用剂量也不应相同。当温室中气温高于32℃时，对葡萄的幼嫩部分易产生药害，使用时应加以注意。

目前的加工剂型为50%硫黄胶悬剂，使用浓度为300～500倍液，防治葡萄白粉病、短须螨、介壳虫等效果显著。硫黄胶悬剂能与多菌灵、百菌清等多种有机杀菌剂混用，但不能与波尔多液、矿物乳油等混用，在喷布矿物乳油后，也不能立即使用硫黄胶悬剂，以免发生药害。

（十五）甲基托布津

甲基托布津又称托布津-M、甲基硫菌灵，为硫脲基甲酸酯类化合物。是一种广谱性内吸杀菌剂，具有保护作用和内吸作用。被植物吸收后，可降解转化为多菌灵，干扰病原菌的生长发育，从而有效地起保护、杀菌作用。甲基托布津性质稳定，可与多种农药混用，但不能与含铜的药剂混用。纯品为无色结晶，工业品为黄棕色粉末，生产剂型有70%可湿性粉剂和50%胶悬剂，对人畜低毒、低残留，使用安全。

用70%甲基托布津可湿性粉剂800～1000倍液防治葡萄白粉病有特效，对白腐病、炭疽病、灰霉病、房枯病、黑痘病等也有一定的防治效果。甲基托布津长期单一使用易使病菌产生抗药性，在使用时，应和其他杀菌剂交替使用。

（十六）氟硅唑

氟硅唑又名万兴、福星等，三唑类杀菌剂，原药为无色结晶，微溶于水，属低毒性杀菌剂，常用制剂为40%福星乳油。主要用于葡萄白粉病、白腐病和炭疽病的防治，一般在疾病发生前和初发生时用40%福星乳油8000～10000倍液每隔7～10天喷布1次，有良好的防治效果。生产中使用氟硅唑时要注意浓度不能太高，以防对葡萄生长产生抑制作用，喷药时要注意人员防护，怀孕期、哺乳期、例假期的妇女勿接触此类药物。

（十七）霉能灵

霉能灵又名酰胺唑，是一种低毒、内吸、广谱性三唑类杀菌剂。原药为浅黄色晶体，难溶于水，常用制剂为5%霉能灵可湿性粉剂。主要用于防治葡萄黑痘病，从2～3叶期开始每隔7～10天喷1次1 000～1 200倍液能有效防治黑痘病的发生。

霉能灵可与除石硫合剂、波尔多液以外的其他农药配合使用，但在采收前1个月应停止使用霉能灵。

（十八）扑霉灵

扑霉灵又名咪鲜胺、施保克、施得功，是一种咪唑类广谱杀菌剂，原药为浅棕色固体，有芳香味，难溶于水，常用制剂为45%施保克水乳剂、45%施保克乳油和50%施得功可湿性粉剂，主要用于葡萄炭疽病的防治，生产上常用45%施保克乳油1 500～2 000倍液在发病前喷布于结果母枝和果穗上，预防炭疽病的发生。

使用扑霉灵时要注意安全防护，尤其是该药对水生动物有毒，用过的包装物应集中处理，勿随便乱甩于鱼塘及河中。

（十九）菌毒清

菌毒清为甘氨酸类杀菌剂，具有一定的内吸作用和渗透作用，对病菌的菌丝及孢子具有很强的抑制作用，其机制是破坏病菌细胞膜，抑制病菌的呼吸，凝固蛋白质，使病菌内的酶变性而起抑菌和杀菌作用。菌毒清可防治多种真菌病害，目前加工剂型有5%菌毒清水剂。用150～200倍液涂刷葡萄蔓割病、白腐病病蔓，防效显著。用800～1 000倍液于春天喷葡萄植株，对防治葡萄炭疽病、黑痘病效果明显。菌毒清不能与其他农药混用，以免失效。在使用时，若接触皮肤发生红肿过敏时，应立即停止接触，并用清水洗净。

（二十）抗霉菌素120

抗霉菌素120又叫农抗120、120农用抗菌素，该药是一种广谱抗菌素，它对多种植物病原菌有强烈的抑制作用，尤其对白粉病菌、锈病药效显著。目前加工剂型为2%、4%抗霉菌素120水剂。一般用2%水剂200倍液，在发病初期喷布葡萄植株防治葡萄白粉病、葡萄锈病，此外，还可在葡萄植株周围开穴，用200倍液浇灌根部，每株7.5～10千克水剂，防治葡萄圆斑根腐病，连浇2次，可有效控制该病的发生。

本品不宜与碱性农药混用，产品贮存时应放置在阴凉、干燥处，以免失效。

（二十一）嘧霉胺

嘧霉胺又名施佳乐，原药为白色晶体，微溶于水，是一种对灰霉病有特效的低毒杀菌剂，常用制剂为40%施佳乐悬浮剂，防治葡萄灰霉病时常用40%施佳乐悬浮剂1 000～1 500倍液，每隔7～10天喷布1次，葡萄套袋前可先用40%施佳乐悬浮剂1 000倍液浸蘸果穗，待药液稍晾干后即可进行套袋，在葡萄设施中应用时要注意药液浓度不要太高，以防发生药害。

（二十二）腐霉利

腐霉利又称速克灵、二甲菌核利。原药为白色或浅棕色结晶，微溶于水，在日光和潮湿条件下化学性质稳定。常用制剂为50%速克灵可湿粉剂、10%～15%腐霉利烟剂及与其他药剂的复合制剂。腐霉利是一种广谱触杀型保护杀菌剂，有一定的渗透性，主要用于防治灰霉病，生产上主要在花前、花后和上色初期及贮藏前用50%可湿性粉剂1 500～2 000倍液喷布花序或果穗，预防灰霉病的发生。速克灵是保护性杀菌剂，主要用在发病前和发病初期，该药要随配随用，而且不能和碱性农药及有机磷农药混合使用。

（二十三）农利灵

农利灵又名乙烯菌核利，为白色结晶体，常用制剂为50%可湿性粉剂。农利灵为触杀性保护性杀菌剂，主要用于葡萄灰霉病预防，常用50%可湿性粉剂500倍液在发病前喷布，预防灰霉病发生。生产上应用时要注意和其他农药交替使用，以防病菌产生抗药性，同时在施药时要注意安全操作，防止药液溅到皮肤上或眼睛内，若有误入，应立即用大量清水冲洗。

二、杀虫、杀螨剂

（一）敌百虫

敌百虫是一种高效、低毒、杀虫谱广的有机磷杀虫剂，对多种害虫有较强的胃毒和触杀作用，而以胃毒作用尤为显著。过去由于晶体敌百虫难以溶解，一度曾限制了它的使用，近年来，为解决这个问题，已研制成使用方便的80%敌百虫可湿性粉剂。该药在常温下稳定，在空气中吸湿后会逐渐水解失效，在碱性溶液中转化为敌敌畏，再继续水解，会逐渐失效。敌百虫对金属有腐蚀作用，对人畜毒性低。生产上常用80%敌百虫晶体或可湿性粉剂800～1 000倍液喷雾防治葡萄星毛虫、各种金龟子、葡萄虎蛾、车天蛾、十星叶甲等。敌百虫能与多种农药混用，但不能与波尔多液和石硫合剂混用，以免影响药效。

（二）敌敌畏

敌敌畏又名DDV或DDVP，它是一种高效、低毒、低残留的广谱性有机磷杀虫剂，对害虫有胃毒、触杀、熏蒸三种杀虫作用，由于挥发性强，熏蒸作用特别突出，对害虫击倒作用很强，害虫接触药后，几分钟至十几分钟内就会死亡，为一般药剂所不及，但残效期短。用于防治发生期集中的害虫效果特别显著。目前使用的加工剂型有80%和50%的乳油，该产品为淡黄色油状液体，微带芳香气味，不溶于水，长期贮存不分解，但在碱性溶液中易分解，在空气中挥发很快，生产上常用1 000～1 500倍液防治葡萄星毛虫、叶蝉、虎夜蛾、车天蛾效果很好。

（三）速灭杀丁

速灭杀丁又名氰戊菊酯、杀灭菊酯、敌虫菊酯。是一种高效、低毒、低残留的广谱性拟除虫菊酯类杀虫剂。主要是影响昆虫神经系统，使其神经传导受到抑制、麻痹而死亡。具有强烈的触杀作用，也有胃毒、拒食与杀卵作用，但无熏蒸和内吸作用。杀虫范围广，可防治的害虫种类达150多种，击倒力强，效果迅速，持效期长，可达10～15天。该药属负温度系数的农药，在低温下（15℃）的毒性大，在较高温度（25℃）下的毒性反而减小。加工剂型为20%、30%乳油，一般用20%速灭杀丁乳油2 500～3 000倍液，可防治多种咀嚼式和刺吸式口器的害虫，但对螨类防治效果较差。在葡萄上可防治葡萄叶蝉、虎蛾、车天蛾、蓟马等。该药接触虫体方能杀死害虫，因此喷要时要均匀周到。该药不但对螨类效果差甚至无效，而且对天敌杀伤重，连续使用可引起害螨猖獗，故应与杀螨剂混用。为防止某些害虫产生抗药性，可与其他杀虫剂混用或轮换交替使用，但不能与碱性农药如波尔多液和石硫合剂混用，果实采收前10天停止用药。

（四）马拉硫磷

马拉硫磷又名马拉松、防虫磷，具有较强的触杀和胃毒作用，马拉硫磷进入虫体后，能被氧化成毒力更高的氧化马拉硫磷化合物，从而对害虫发挥强大的杀伤力。但对高等动物则经水解作用成为无毒的化合物，因此对人畜无毒，残效期较短，对果品和环境无污染。该药不能与强酸、强碱农药混用，不要用金属容器盛装。在一般浓度下对植物较安全，但对葡萄的某些品种用药后有发生药害的报道，使用时要特别注意。加工剂型为50%乳油，在葡萄上用 1 000 ~ 1 500 倍液防治介壳虫、叶蝉、粉蚧、金龟子类、虎蛾、白粉虱等。

（五）吡虫啉

吡虫啉又名高巧、康福多、大功臣，是一种烟碱类广谱内吸性低毒杀虫剂，兼具胃毒和触杀作用，原药为淡黄色结晶，难溶于水，常用制剂为 10% 可湿性粉剂，主要用于防治刺吸式口器类各种害虫，常用 10% 吡虫啉可湿性粉剂 1 000 ~ 1 500 倍液防治绿盲蝽、叶蝉等虫害。吡虫啉属低毒性杀虫剂，但对蚕、蜂等有益昆虫也有杀伤作用，生产上应用时应予充分注意。

附录三 植物生长调节剂
药剂配制计算方法

一、每克原药加水量（千克） = $\dfrac{原药纯度}{所需要的浓度} \times 1000$

二、稀释加水量（千克） = $\dfrac{药剂重量（克）\times 药剂纯度}{所需要的浓度} \times 1000$

三、需要加药量（克） = $\dfrac{加水重量（千克）\times 所需要的浓度}{药剂纯度 \times 1000}$

注：所需要的浓度即毫克/千克、毫克/升、微升/升，以前常用 ppm 表示。

赤霉素含量为20％的药剂配制方法

所需浓度 （毫克/千克）	1	2	3	5	10	15	20	25	30	50	75	100
每克药加水 （千克）	200	100	66.5	40	20	13.35	10	8	6.7	4	2.65	2
稀释倍数				40 000	20 000		10 000	8 000		4 000		2 000

赤霉素含量为75％的药剂配制方法

所需浓度 （毫克/千克）	1	2	3	5	10	15	20	25	30	50	75	100
每克药加水 （千克）	750	375	250	150	75	50	37.5	30	25	15	10	7.5

原药含量为0.1%的吡效隆、赛苯隆药剂配制方法

所需浓度 （毫克/千克）	1	2	2.5	3	4	5	10	15	25	30	50	100
每克（毫升）药 加水量（毫升）	1 000	500	400	335	250	200	100	66.7	40	33.3	20	10
每10克（毫升） 药加水量（毫升）	10 000	5 000	4 000	3 350	2 500	2 000	1 000	667	400	333	200	100

附录四　葡萄园水泥柱制作方法

1. 篱壁架支柱规格

（1）行内支柱　总长 2.5 米（若设置避雨棚，柱长应为 3.0～3.1 米），柱截面为正方形 10 厘米×10 厘米，在柱上 1.1 米、1.4 米、1.75 米、2.15 米处留 4 个眼（穿铅丝用）。

（2）边柱　每行两个边柱，边柱应比内柱长 0.3 米（边柱倾斜 30 度，设置地锚）。边柱截面为正方形 12 厘米×12 厘米。

2. 材料准备　立柱钢筋架长 2.4 米，架径 7.5 厘米，竖筋（Φ6 钢筋）4 根，长 2.4 米；股筋（10 号铅丝）每隔约 20 厘米一道，共计 10～12 道，每道长 35 厘米；扎丝（20 号铅丝）40～48 条，每条长 15 厘米。

每根篱架水泥柱需 Φ6 钢筋约 2 千克，14 号铅丝约 1 千克，20 号铅丝约 0.1 千克。425 标号水泥、沙子、小石子的比例为 1:2:4。每根支柱混凝土重 56 千克，共计需水泥 8 千克、沙子 16 千克、小石子 32 千克。若设置避雨棚，随支柱加长，钢筋、铅丝、扎丝、水泥、小石子的用量均相应增加。

3. 制作方法

（1）扎架　竖筋与股筋一律用 20 号铅丝绑扎，丝头必须弯入架内。筋架上、下粗度要一致，股筋牢固不滑动。

（2）配制混凝土　混凝土配制时充分拌匀，加入适当水分（1～1.3 倍水）使其成浆。

（3）准备柱槽　一般用相应长、宽的钢板或木板制作柱槽模具。土质较硬的地方也可在地下挖槽。若用木槽板，槽板厚 1.5～2.0 厘米，长度应长于所需立柱长度。灌槽前，板壁涂上废机油，以利柱、板分离。一般灌槽后 10 小时即能卸槽。

（4）灌槽　灌前槽底（即底面）稍铺一层细沙，再灌一层薄的混凝土，放入筋架（放平，位置正确），然后徐徐灌入混凝土水泥浆，边灌边捣，或用震荡器震荡，使石子移向内部，保证石子周围有均匀的泥浆和柱四周有较多的水泥浆。当水泥浆灌入1/3～1/2时，按打眼的规定位置插入4根6号铁丝钎（长约20厘米），柱槽灌满后，每20～30分钟，转动铁丝钎一次，以免凝固，2～3小时后，即可拔出铁丝钎。

（5）护理　这是做好每根水泥柱的关键，应有专人负责。灌槽后1小时左右，用"泥灰"和"水泥浆"进行柱面补缺，填平；同时每隔2～3小时喷水1次，10天后可适当减少喷水次数。一般1个月后即完全牢固，可用于田间。

为了适应不同葡萄架形的需要，可根据具体要求变更支柱长度。在制作支柱时，可在水泥柱支柱上端浇注时增加一个外露6～8厘米的直径为10～12毫米的螺杆，并备好螺帽，这样支柱就可以随栽培需要及时改装为T形架、水平网状棚架或安置避雨设施、防雹网。

图书在版编目（CIP）数据

葡萄优质安全栽培技术：彩图版/晁无疾，张立功，赵雅梅主编. —北京：中国农业出版社，2013.10（2014.9 重印）

（陕西省农技服务"大荔模式"实用技术丛书）

ISBN 978-7-109-18398-8

Ⅰ．①葡… Ⅱ．①晁… ②张… ③赵… Ⅲ．①葡萄栽培—图解 Ⅳ.①S663.1-64

中国版本图书馆CIP数据核字（2013）第231132号

中国农业出版社出版

（北京市朝阳区农展馆北路2号）

（邮政编码 100125）

责任编辑 张 利 黄 宇
———————————

北京通州皇家印刷厂印刷　新华书店北京发行所发行

2013年10月第1版　2014年9月北京第3次印刷
———————————

开本：880mm×1230mm　1/32　印张：5

字数：125千字

定价：32.00元

（凡本版图书出现印刷、装订错误，请向出版社发行部调换）